Formelsammlung

Fachwirte
und
Betriebswirte

**Unternehmensführung
Personalmanagement
Organisation
Informations- und
Kommunikationstechniken
Projektmanagement**

M. Ventzislavova / C. Hensel

1. Auflage: November 2011

Herstellung und Verlag:

Books on Demand GmbH, Norderstedt
ISBN: 9-783844-803211

INHALTSVERZEICHNIS

1 PERSONALMANAGEMENT

1.1 Personalplanung

Personalplanung ist der Teil der Personalarbeit, in dem systematisch, vorausschauend und zukunftsorientiert alle wesentlichen den Faktor Arbeit betreffenden Entscheidungen gedanklich vorbereitet werden. Eine gute Personalplanung hilft, notwendige Maßnahmen frühzeitig vorzubereiten und damit deren Qualität zu verbessern und mögliche Risiken zu mindern.

Ziel

Mitarbeiter in der erforderlichen Anzahl, mit der erforderlichen Qualifikation zur richtigen Zeit am richtigen Ort bereitstellen.

Vorteile für Arbeitnehmer	Vorteile für Arbeitgeber
• gezielte Personalplanung erhöht die Sicherheit des Arbeitsplatzes • individuelle Entwicklung und Qualifikation möglich • bessere Übersicht über internen Arbeitsmarkt	• Personalengpässe/Überkapazitäten können schnell berücksichtigt werden • rechtzeitige Personalsuche/-entwicklung verringern Abhängigkeit vom externen Arbeitsmarkt • Kenntnis über Mitarbeiterpotenziale • Motivation der Mitarbeiter durch gezielte Entwicklungsmaßnahmen

Tabelle 1: Vorteile der Personalplanung

1.1.1 Arten der Personalplanung

Personalbedarfsplanung

Die Personalbedarfsplanung ermittelt den Brutto-Personalbedarf oder das Personal-Soll. Unvollständige oder falsche Informationen in diesem Bereich können schwerwiegende Folgen haben: bei zu niedrigem Bedarf entstehen Personalengpässe/Mehrarbeit und ein zu hoher Bedarf führt zu unbeabsichtigtem Personalabbau.

Wie viele Mitarbeiter werden wann mit welcher Qualifikation wo benötigt?

Personalbeschaffungsplanung

Die Personalbeschaffungsplanung hat die Aufgabe, Personal zur Beseitigung eines Personalengpasses nach Anzahl, Art, Zeitpunkt, Dauer und Einsatzort bereitzustellen. Dabei stehen der interne und der externe Arbeitsmarkt zur Verfügung.

Wie und wo können die erforderlichen Mitarbeiter gefunden werden?

Personalentwicklungsplanung

Die Personalentwicklungsplanung plant betriebliche und außerbetriebliche Maßnahmen zur beruflichen Aus- und Fortbildung und ist auf die Bedürfnisse, Wünsche und Eignungsvoraussetzungen der einzelnen Mitarbeiter ausgerichtet. Maßnahmen können z.B. Laufbahnplanung, Förderkreise, betriebliche Aus- und Fortbildung sein.

Wie können die Mitarbeiter gefördert werden?

Personaleinsatzplanung

Die Aufgabe der Personaleinsatzplanung ist die vorhandenen Mitarbeiter entsprechend ihrer Fähigkeiten und Kenntnisse an der richtigen Stelle im Unternehmen einzusetzen.

Ziel
Eventuell vorhandene Unter- oder Überforderung aufdecken und nach Möglichkeiten suchen, diese Mitarbeiter eignungs- und fähigkeitsgerecht zu beschäftigen, damit sie ihre volle Leistung erbringen können.

Wie können Mitarbeiter optimal nach ihren Fähigkeiten eingesetzt werden?

Personalkostenplanung

Ein wesentlicher Teil der gesamten Kosten eines Unternehmens sind die Personalkosten. Die Planung der Personalkosten ist daher sehr wichtig, um die Kosten im Rahmen zu halten und wirtschaftlich mit dem zur Verfügung stehenden Finanzmittel umzugehen.

Welche Kosten entstehen aus den geplanten Maßnahmen?

1.1.2 Personalbedarfsermittlung

1. Schritt: Ermittlung des Bruttopersonalbedarfs
Der gegenwärtige Stellenbestand wird aufgrund der zu erwartenden Stellenzu- und -abgänge auf den Beginn der Planungsperiode hochgerechnet.

2. Schritt: Ermittlung des künftigen Personalbestandes
Man schätzt ab, wie groß der Personalbestand zu einem fest definierten Zeitpunkt sein muss. Mitarbeiter, die das Unternehmen verlassen müssen genauso berücksichtigt werden wie die Mitarbeiter, die neu ins Unternehmen kommen. Auch unbesetzte Stellen sind zu berücksichtigen.

3. Schritt: Ermittlung des Nettopersonalbedarfs *(= Saldo)*
Ausgehend vom Bruttopersonalbedarf wird der fortgeschriebene Personalbestand subtrahiert und ergibt somit den Nettopersonalbedarf (= Personalbedarf).

Nettopersonalbedarf = Bruttopersonalbedarf – Personalbestand

Berechnungsschema Nettopersonalbedarf:	
Stellenbestand (Ist)	28
+ Stellenzugänge (geplant)	+ 2
– Stellenabgänge (geplant)	– 5
= Bruttopersonalbedarf (Soll)	25
Personalbestand (Ist)	27
+ Personalzugänge (sicher)	+ 4
– Personalabgänge (sicher)	– 2
– Personalabgänge (geplant)	– 1
= fortgeschriebener Personalbestand (IST)	28
= Nettopersonalbedarf (Bruttopersonalbedarf – Personalstand)	– 3

1.1.3 Personalbeschaffung

Stellenausschreibung   -) /3

Stellenausschreibungen können sowohl intern als auch extern erfolgen. Bei einer Stellenausschreibung ist der Betriebsrat mit einzubeziehen.

bei der Ausschreibung zwischen Betriebsrat und Arbeitgeber wird festgelegt
- Umfang der Ausschreibung
- Zeitpunkt und Dauer der Ausschreibung
- Inhalte der Ausschreibung
- Art der Bewerbung
- zeitlicher Abstand zwischen interner und externer Ausschreibung
- Einzelheiten zum Ausschreibungsverfahren

AIDA-Formel
➜ **A**ttention   Aufmerksamkeit erzeugen

➜ **I**nterest   Interesse an der ausgeschriebenen Stelle erzeugen

➜ **D**esire   Den Wunsch wecken, sich zu bewerben

➜ **A**ction   Aufforderung, eine Bewerbung zu schicken

Inhalte einer Stellenausschreibung
- Darstellung des Unternehmens
- Bezeichnung der ausgeschriebenen Stelle
- Beschreibung der Aufgaben
- Darstellung der Anforderungen
- Bewerbungsregularien

1.1.4 Personalabbau

Anlässe für geplanten Personalabbau
- konjunkturelle Absatzschwierigkeiten oder länger andauernde Veränderungsprozesse
- muss Personal kurzfristig oder langfristig abgebaut werden?

Maßnahmen beim Personalabbau
- **generell vorbeugende Maßnahmen** sind alle geplanten Maßnahmen, die den Abbau verringern oder verhindern, um kurzzeitige Personalüberdeckung auszugleichen
- **Reduzierung des zeitlichen Arbeitsangebots** im Unternehmen dem verringerten Arbeitsvolumen anzupassen, wobei dies ohne oder mit Entlassungen durchgeführt werden kann

indirekte Maßnahmen des Personalabbaus ohne Entlassung

Alle Formen, die das Gesamtangebot an Arbeitszeit verringern, ohne das Arbeitszeitangebot jedes einzelnen Beschäftigten zu beeinflussen, durch z.B. frei werdende Stellen nicht neu besetzen, Einstellungsstopps, Nichtverlängerung von Zeitverträgen oder den Abbau von Leiharbeit.

direkte Maßnahmen des Personalabbaus ohne Entlassung

Alle Maßnahmen, die das interne Arbeitsangebot bei gleichbleibender Beschäftigtenzahl einschränken wie Abbau von Mehrarbeit und Überstunden, Urlaubsgestaltung/ -planung, Umwandlung von Vollzeit- in Teilzeitstellen oder Kurzarbeit.

Reduzierung des Personalbestandes durch Entlassungen

* vorzeitige Pensionierung *(Vorruhestand)*
* Aufhebungsverträge
* Entlassungen
* Massenentlassungen

1.2 Personalauswahl

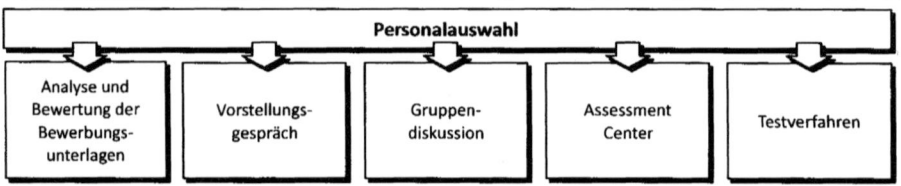

Abbildung 1: Arten der Personalauswahl

Anforderungsprofil

Der Maßstab, an dem sich die Bewerber messen lassen müssen. Definiert die Anforderungen, die ein Bewerber mitbringen muss. Man unterscheidet die fachliche Anforderungen wie z.B. Ausbildungsberuf und soziale Anforderungen wie z.B. Führungserfahrung.

Stelle:	Benennung: Elektroniker/in für Instandhaltung Stellennummer: 086510 Abteilung: Instandhaltung
Schul- und Berufsbildung:	abgeschlossene Ausbildung als IT-Systemelektroniker
fachliche Anforderungen:	++ SPS-Kenntnisse + Kenntnisse in der Netzwerktechnik ++ Umgang mit Antriebstechniken
methodische Anforderungen:	+ analytisches Denken ++ Urteilsfähigkeit
persönliche Anforderungen:	++ ausgeprägtes Teamdenken + Flexibilität

Abbildung 2: Beispiel einer Stellenbeschreibung

Eignungsprofil

Das Eignungsprofil gibt Auskunft darüber, wie der Bewerber die im Anforderungsprofil gestellten Anforderungen erfüllt.

Bewerbungsunterlagen

dazu gehören

- Anschreiben
- Lebenslauf (meist tabellarisch) mit Lichtbild
- Ausbildungsnachweise
- Arbeitszeugnisse
- Nachweise über relevante Schulungen und Kenntnisse

Vorstellungsgespräch

Ziel

So viel wie möglich an Informationen vom Bewerber zu erhalten, um zu prüfen, inwieweit die in der Anforderungsanalyse erhobenen Kriterien durch einen Bewerber erfüllt werden.

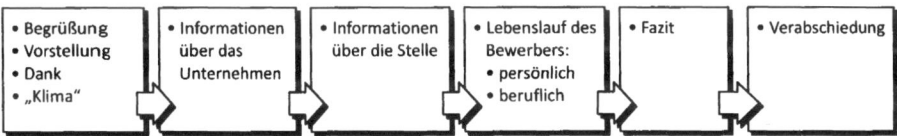

Abbildung 3: Phasen eines Bewerbungsgesprächs

freies Gespräch

Der Gesprächsablauf ist nicht fest strukturiert und kann frei geführt werden.

Vorteil	Nachteile
• Interviewer kann sich flexibel der Gesprächssituation anpassen	• verlangt sehr hohe Erfahrung • Vergessen von Gesprächspunkte • schwierige Auswertung

Tabelle 2: Vor- und Nachteile des freien Gespräches

strukturierte Auswahlgespräch

Der Ablauf besteht aus vorgegebenen Fragen, die variiert werden können.

standardisiertes Vorstellungsgespräch

Die einzelne Fragen und der Gesprächsablauf sind in einem festgelegten Fragenkatalogs fest vorgegeben.

Vorteile	Nachteil
• keine Sachverhalte werden vergessen • relativ einfache Auswertung	• Gesprächsvorgehen ist starr

Tabelle 3: Vor- und Nachteile des standardisierten Vorstellungsgesprächs

Gruppeninterview

Mehrere Bewerber werden gleichzeitig befragt, das die direkte Vergleichsmöglichkeiten zwischen den Bewerbern erhöht.

Mehraugengespräch

Fach- und Personalbereich führen das Gespräch. Es beseht so die Möglichkeit zu erkennen, ob der persönliche Eindruck des Bewerbers in beiden Fällen gleich ist.

Grundregeln bei der Durchführung
- Hauptanteil des Gesprächs liegt beim Bewerber (→ *80/20)*
- überwiegend öffnende Fragen verwenden, geschlossene nur in bestimmten Fällen, Suggestivfragen vermeiden
- zuhören, nachfragen und beobachten, sich Notizen machen
- keine ausführliche Fachdiskussion mit dem Bewerber führen
- Dauer des Gesprächs der Position anpassen
- äußerer Rahmen: keine Störungen, kein Zeitdruck, entspannte Atmosphäre, keine Verhörsituation

1.3   Personalbeurteilung

systematische Mitarbeiterbeurteilung

Ein formalisiertes Verfahren, durch das die Vorgesetzten ihre Mitarbeiter in bestimmten Abständen unter Berücksichtigung vorher festgelegter Kriterien beurteilen. Kann aussagekräftige und zuverlässige Informationen für die Potenzialbestimmung der Mitarbeiter liefern.

Ziele für den Mitarbeiter
- Rückmeldung über erbrachten Leistungen
- Erwartungen des Vorgesetzten kennenlernen
- Informationen über Stärken und Schwächen
- Analyse der Gründe für Nichterreichung vereinbarter Ziele
- Verbesserung der Motivation

Ziele für den Vorgesetzten
- Informationen über den Leistungsgrad der Abteilung
- intensive Auseinandersetzung mit Leistungen und Verhalten des Mitarbeiters
- Schwachstellen ermitteln und Gegenmaßnahmen einleiten
- Potenzialträger erkennen und fördern

Ziele für das Unternehmen
- umfassender Überblick über Eignungs- und Leistungsgrad und Einsatz- und Entwicklungsmöglichkeiten der Mitarbeiter
- Entscheidungsgrundlage für den optimalen Einsatz der Mitarbeiter
- Informationen über Bildungsbedarf der Mitarbeiter, um dementsprechend gezielte Bildungsmaßnahmen und durchzuführen
- Potenzialträger fördern und an wichtigen Positionen einsetzen

Anlässe

periodisch bedingte Mitarbeiterbeurteilung
Werden kontinuierlich und in regelmäßigen Zeitabständen durchgeführt, wie zum Beispiel Gehaltsgespräche, Entwicklungsgespräche oder Zielvereinbarungsgespräche.

anlassbedingte Mitarbeiterbeurteilung
Werden durchgeführt, wenn sie aus einem bestimmten Grund erforderlich sind z.B. bei Beenden der Probezeit, Beurteilung von Auszubildenden, bei Versetzung/Beförderung, bei Ausstellung eines Zwischenzeugnisses oder bei Entlassung.

Arten   *relativ lobolat*

Leistungsbeurteilung
Die Leistungsbeurteilung bezieht sich auf eine in der Vergangenheit erbrachte Leistung.

Potenzialbeurteilung
Die Potenzialbeurteilung richtet sich auf Eignung eines Mitarbeiters für zukünftige Aufgaben und die Möglichkeiten seiner individuellen Weiterentwicklung.

Kriterien
- Fachkompetenz
- Methodenkompetenz
- Sozialkompetenz
- Führungskompetenz

Beurteilungsfehler

persönlichkeitsbedingt
- erster Eindruck
- Vorurteile
- Sympathie/Antipathie
- Projektionsfehler *(bezieht seine Stärken mit ein)*
- Bezugspersonen-Effekt *(orientiert sich an der des Vorgesetzten)*

Wahrnehmungsverzerrung
- Überstrahlungs-/Halo-Effekt *(bewertet nur ein Merkmal)*
- Recency-/Nikolaus-Effekt *(bewertet kürzlich erbrachte Leistung)*
- Kleber-Effekt *(klebt an vergangenen Beurteilungen)*
- Hierarchie-Effekt *(beurteilt höhere Mitarbeiter besser)*
- selektive Wahrnehmung *(nimmt nur Einzelvorfälle wahr)*

1.4   Mitarbeitergespräche

Mitarbeitergespräche dienen dazu, die Arbeitsleistung und Verhalten der vergangenen Periode zu besprechen und neue Ziele für den Folgezeitraum und die damit verbundenen Änderungen und Maßnahmen zu vereinbaren. Darüber hinaus ermöglichen sie einen Informationsaustausch und fördern das Verhältnis zwischen Mitarbeiter und Vorgesetzten.

Arten
- Beurteilungsgespräch
- Zielvereinbarungsgespräch
- Anerkennungsgespräch
- Kritikgespräch
- Konfliktgespräch
- Entwicklungsgespräch
- Rückkehrgespräch

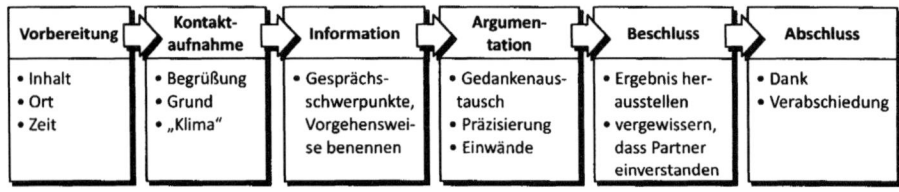

Vorbereitung	Kontakt-aufnahme	Information	Argumen-tation	Beschluss	Abschluss
• Inhalt • Ort • Zeit	• Begrüßung • Grund • „Klima"	• Gesprächs-schwerpunkte, Vorgehenswei-se benennen	• Gedankenaus-tausch • Präzisierung • Einwände	• Ergebnis her-ausstellen • vergewissern, dass Partner einverstanden	• Dank • Verabschiedung

Abbildung 4: Phasen eines Mitarbeitergesprächs

1.4.1 Vorbereitung

- **Ziel**   für das Gespräch Zielvorstellungen entwickeln
- **Sicherheit**   innere Sicherheit durch gute Vorbereitung gewinnen
- **Natürlichkeit**   keine Rolle antraineren, sich selbst darstellen
- **Gesprächsstruktur** sich in die Situation des Gesprächspartners hineinversetzten
  Gliederung einhalten
- **Körperhaltung**   aufrecht, entspannt, nicht aufstützen, ruhige Körperhaltung
  sinnvolle Mimik und Gestik, Blickkontakt suchen, nicht fixieren
- **Sprache**   ruhig, dynamisch, nicht weitschweifig, zielorientiert
- **Zeit**   Zeitplan einhalten

1.4.2 Reaktionen im Gespräch

fördernde Reaktion	hemmende Reaktionen
• kein Schweigen, sondern aktives auf-merksames und akzeptierendes Zuhö-ren • Inhalt der Aussage des Gesprächspart-ners mit eigenen Worten wiederholen • durch Mitteilung eigener Gefühle wer-den Verhaltensweisen transparent und besser verstehbar • Wahrnehmungsprüfung durch Rück-meldung an den Gesprächspartner • Informationssuche durch Herstellen von Gemeinsamkeiten	• Wechsel des Themas ohne Erklärung zeigt Desinteresse • Beenden des Blickkontaktes • Belehrungen führen zur Verunsiche-rung des Partners • durch Verneinen von Gefühlen wirkt das Verhalten unecht • Überstülpen von Ratschläge und Überredung führt zu Abwehrreaktio-nen und Blockaden

Tabelle 4: Reaktionen im Gespräch

1.4.3 Konfliktgespräch

Ein Konfliktgespräch hat das Ziel der Konfliktlösung.

- **Konflikt benennen**   gründliche Analyse der jeweiligen Konfliktsituation
- **Problematisierung**   alle vorhandenen Ziele, Vorstellungen und Probleme
  benennen
- **Lösung**   gemeinsames Suchen nach Lösungen, Kompromiss finden
- **Vereinbarung**   Vereinbarung treffen, Ziel und Änderungen festhalten

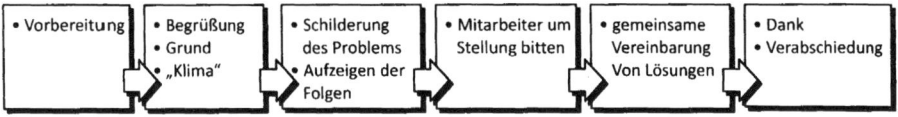

Abbildung 5: Ablauf eines Konfliktgespräch

1.4.3.1 Verhalten in Konfliktsituationen

Flucht

Der Konflikt wird verdrängt und ignoriert, eine Lösung wird aufgeschoben. Das Ergebnis ist ein aggressives Verhalten gegenüber sich selbst und anderen.

Anpassung

Die dominierende Personen bzw. Vorgaben und Regeln werden vollständig akzeptiert, die eigenen Wünsche und Bedürfnisse treten in den Hintergrund. Das Ergebnis ist eine Orientierung an der Leitfigur und hat eine geringe Arbeitsmotivation und Kreativität zur Folge.

Kampf

Die Interessen werden massiv und mit verschiedensten Mitteln direkt und indirekt vertreten, es entsteht ein Konkurrenzkampf untereinander. Als Ergebnis gehen Sieger und Verlierer hervor, verbunden mit geringer Arbeitsmotivation.

Konsens:

Der Konflikt wird analysiert, unterschiedliche Positionen werden ausgesprochen und es wird gemeinsam nach Lösungen gesucht. Das Ziel ist ein für beide Seiten akzeptabler Kompromiss. Das Ergebnis ist ein gegenseitiges Verständnis und Akzeptanz, aus der keine Sieger und keine Besiegten hervorgehen. Es entsteht eine Kooperation mit hoher Arbeitsmotivation.

1.4.3.2 Fragen zur Konfliktanalyse:

- Wie stellt sich der Konflikt dar? *(Konfliktbeschreibung aus mehreren Perspektiven)*
- Wer ist in welcher Weise am Konflikt beteiligt?
- Seit wann besteht der Konflikt?
- Welche Themen wurden bisher im Zusammenhand mit dem Konflikt besprochen?
- Welche Lösungsansätze wurden bisher verwendet?
- Welche Erwartungen könnten die Konfliktparteien von außerhalb besitzen?
- Welche Unterstützung könnten die Konfliktparteien von außerhalb erhalten?
- Welche Personen könnten im Konflikt vermitteln?
- Wie viel Zeit steht für die Lösung zur Verfügung?

1.5 Stellenbeschreibung

Eine Stellenbeschreibung ist die schriftliche Festlegung aller wesentlichen Inhalte und Merkmale über einen konkreten Arbeitsplatz. Sie bezieht sich auf die Stelle und nicht auf den Stelleninhaber.

Inhalte

- Bezeichnung der Stelle
- Einstufung der Stelle

- organisatorische Eingliederung
- Ziele der Stelle
- Hauptaufgaben der Stelle
- Befugnisse und Vollmachten
- Stellvertretungsregelung

1.6 Personalentwicklung

Ziele
- Sicherstellung und Erhöhung der Wettbewerbsfähigkeit
- Erhöhung der Flexibilität durch erweiterte Einsatzmöglichkeiten
- Erhöhung der Motivation und Integration der Mitarbeiter
- Sicherung eines qualifizierten Mitarbeiterstammes
- Berücksichtigung individueller Ziele und Ansprüche

1.6.1 Maßnahmen der Personalentwicklung

Fortbildung

Fortbildung ist die Fortsetzung der fachlich-beruflichen Ausbildung im Anschluss an eine Berufsausbildung in Verbindung mit mehrjähriger Praxiserfahrung.

Weiterbildung

Ist die generelle Erweiterung der Bildung über die berufsspezifischen Bereiche der Fortbildung hinaus in Richtung auf ein allgemeines Verständnis komplexer Probleme.

Erhaltungsfortbildung

Die Erhaltungsfortbildung soll mögliche Verluste von Kenntnissen und Fertigkeiten ausgleichen.

Erweiterungsfortbildung

Die Erweiterungsfortbildung vermittelt zusätzliche Berufsfähigkeiten.

Anpassungsfortbildung

Die Anpassungsfortbildung stellt eine Angleichung an zwischenzeitlich veränderte Anforderungen am Arbeitsplatz sicher.

Aufstiegsfortbildung

Die Aufstiegsfortbildung bereitet zur Übernahme höherwertiger Aufgaben oder Führungsaufgaben vor.

1.6.2 Kernaufgaben

Personalplanung
- Anforderungsprofile erstellen
- Beurteilungssysteme erstellen und einführen
- Potenzialanalyseinstrumente bereitstellen

- Nachfolgeplanung durchführen
- Altersstrukturanalysen durchführen
- Lernpfade entwickeln
- Jobrotationsprogramme entwickeln

Berufsausbildung
- Ausbildungsrahmenplan erstellen
- Fördergespräche mit den Auszubildenden führen
- Schlüsselqualifikationen ermitteln und trainieren
- Bewerberauswahl vornehmen

Weiterbildung
- Lernbedarf feststellen
- Qualifikationsoffensiven durchführen
- Bildungscontrolling durchführen
- Bildungsberatung
- Trainerauswahl und -betreuung

Führungskräfteentwicklung
- Nachwuchsförderung
- Mitarbeitergespräche einführen
- Zielvereinbarungsinstrumente einsetzen
- Anreizsysteme entwickeln und einführen
- Traineeprogramme zur Verfügung stellen
- Führungsgrundsätze einführen
- Coaching durchführen

1.6.2.1 Unterscheidung der Personalentwicklungsmaßnahmen

- **into the job** berufliche Erstausbildung, Einführung neuer Mitarbeiter
- **on the job** Mitarbeiter lernt am Arbeitsplatz neue Fähigkeiten und Aufgaben kennen
- **near the job** Mitarbeiter lernt im Umfeld seines Tätigkeitsbereiches
- **off the job** Maßnahmen, die nicht am Arbeitsplatz stattfinden
- **along the job** Strategien der Nachfolgeplanung und Laufbahnplanung
- **out of the job** Maßnahmen, die auf Ausscheiden aus Funktionsbereich vorbereiten

Job-Enrichment *(Aufgabenanreicherung)*

Durch Erweiterung des Arbeitsfeldes um Planungs-, Kontroll- und Entscheidungsaufgaben. Der Gestaltungsspielraum des Beschäftigten vergrößert sich, er übernimmt selbständig Planung und Verteilung von Arbeit, Qualitätskontrolle und die Koordination mit anderen Stellen.

Job-Enlargement *(Arbeitsplatzerweiterung)*

Es handelt es um eine Erweiterung der von einem Mitarbeiter zu erfüllenden Arbeitsaufgaben. Zu den bisher vorgegebenen Tätigkeiten werden gleichartige Aufgabeninhalte angefügt und damit Zykluslänge der Aufgabe erhöht.

Job-Rotation *(Arbeitsplatzwechsel)*

Ein systematischer Arbeitsplatzwechsel mit dem Ziel, die Entfaltung und Vertiefung der Fachkenntnisse und Erfahrungen der Mitarbeiter zu fördern, Arbeitsmonotonie vermeiden sowie auch der Förderung des Führungsnachwuchses.

1.7 Personalentlohnung

Ziele einer leistungsgerechten Entlohnung

Eine leistungsgerechte Entlohnung soll zum einen die betriebswirtschaftliche Zielsetzungen unterstützen, indem das Betriebsergebnis durch eine angemessene und leistungsgerechte Bezahlung der Mitarbeiter optimiert werden soll und zum anderen zur Mitarbeiterzufriedenheit beitragen. Ein gut durchdachtes und flexibles Vergütungssystem, dass um attraktive Lohnzusatzleistungen erweitert wird, kann durchaus als Motivationsinstrument eingesetzt werden. Mit übertariflichen Zulagen sowie Zusatz- und Sozialleistungen kann der Arbeitgeber die Leistungen des einzelnen Arbeitnehmers besonders honorieren.

1.7.1 Unterscheidung der Lohnformen

Elemente Entgeltpolitik
- Prämien und Erfolgsbeteiligung entsprechend der individuellen Leistung
- langlaufende Arbeitsverträge zur Absicherung der Einkommensverhältnisse
- Optionen für Aktien oder Anteilsrechte zur Kapitalbeteiligung der Mitarbeiter
- Gewährung eines Zuschusses für Kindergärten oder Kindertagesstätten
- betriebliche Darlehen zu Vorzugskonditionen
- Finanzierung von Fort- und Weiterbildungsmaßnahmen außerhalb des Unternehmens

Zeitlohn
Das Entgelt für die Arbeitsausführung wird allein nach Zeiteinheit bemessen. Es wird nicht berücksichtigt, wie hoch das Arbeitsergebnis innerhalb der Zeit ist.

Berechnung des Zeitlohns

Lohnhöhe = Lohnsatz in €/Zeiteinheit · Arbeitszeit in Zeiteinheiten

Soziallohn
Das Entgelt wird nach wesentlichen sozialen Belastungen berechnet. Maßgebend für die Höhe und Staffelung ist u.a. der Familienstand und die Anzahl der Kinder.

Leistungslohn
Das Arbeitsentgelt wird ausschließlich nach dem Arbeitsergebnis bemessen. Zweck der Vergütung ist es, die Entlohnung entsprechend der Arbeitsmenge zu berechnen. Diese Form der Entlohnung wird eingesetzt, um die Beziehung zwischen Leistung und Entlohnung direkter durch den Mitarbeiter zu gestalten. Sie ist aber ungeeignet, wenn der Arbeitnehmer seine Arbeitsmenge nicht beeinflussen kann.

- beim **Stückakkord** wird die verarbeitete Stückzahl zugrunde gelegt

Berechnung des Stückakkords

$$\text{Stückakkord } (€) = \text{Stückzahl } (Stück) \cdot \text{Stückakkordsatz } (€/Stück)$$

$$\text{Stückakkordsatz } (€/Stück) = \frac{\text{Akkordrichtsatz } (€/h)}{\text{Leistungeinheiten bei Normalzeit } (Stück/Stunde)}$$

$$\text{Akkordrichtsatz} = \text{Mindestlohn} + \text{Akkordzuschlag}$$

- beim **Flächenakkord** ist die Größe der bearbeiteten Fläche entscheidend
- beim **Geldakkord** wird einer bestimmten Leistungseinheit unmittelbar ein Geldbetrag gegenübergestellt
- beim **Zeitakkord** wird für eine bestimmte Arbeitsleistung eine festgelegte Zeit als Verrechnungsfaktor vergütet

Berechnung des Zeitakkords

$$\text{Akkordlohn} = \text{Leistungsmenge } (Stück) \cdot \text{Minutenfaktor } (€/min) \cdot \text{Vorgabezeit}$$

$$\text{Minutenfaktor } (€/min) = \frac{\text{Akkordrichtsatz } (€/h)}{60 \; (min/Stunde)}$$

$$\text{Akkordrichtsatz} = \text{Mindestlohn} + \text{Akkordzuschlag}$$

- beim **Einzelakkord** wird der Akkordlohn für jeden einzelnen Arbeitnehmer aufgrund seines Leistungsergebnis bemessen
- beim **Gruppenakkord** wird der Akkordlohn für das Leistungsergebnis einer Arbeitsgruppe bemessen und danach auf die einzelnen Gruppenmitglieder aufgeteilt.

Provision

Der Arbeitnehmer wird in Prozenten am Wert bestimmter abgeschlossener oder vermittelter Geschäfte beteiligt. Diese Entgeltform spielt vor allem bei Mitarbeitern im Außendienst eine Rolle.

Gratifikationen

Sind zusätzliche Entgeltbestandteile, die nicht für Leistungen, sondern meist zu besonderen Anlässen wie zum Beispiel bei Geschäftsjubiläen, Dienstjubiläen oder Urlaubsgeld vorgesehen werden.

Tantieme

Ist eine Beteiligung am Geschäftsgewinn des Unternehmens. Wird als zusätzliche Vergütung gezahlt, um hauptsächlich Führungskräfte für die wirtschaftliche Entwicklung des Unternehmens zu interessieren.

Prämienlohn

Zum normalen Lohn werden bei Erreichen bestimmter Kennzahlen (z.B. Reduzieren des Ausschusses oder Reduzierung des Materialverbrauchs) ein zusätzliches Entgelt in Form einer Prämie ausbezahlt.

Zulagen

Zulagen gleichen Leistungsunterschiede aus und werden meist auf der Grundlage individueller Arbeitsverträge gezahlt.

erfolgsorientierte Vergütung
Es werden neben den Grundbezügen einmal im Jahr ein variabler Anteil ausbezahlt, dessen Höhe von der erbrachten Leistung bzw. Unternehmensergebnis abhängig ist.

1.7.2 Bestandteile

Grundbezüge
Die Höhe der Grundbezüge richten sich im Normalfall nach den Anforderungen, die an eine Stelle gerichtet werden. Meist ein fixer Entlohnungsteil, der abhängig von der Art und Umfang der Schwierigkeit oder Verantwortung ist.

variable Bezüge
zielen auf kurz- bis mittelfristige Erfolgsfaktoren des Unternehmens wie Gewinn, Rentabilität, Umsatz oder Kosten bzw. Kostenentwicklung ab.

Zusatzleistungen
Sind eine Ergänzung der Grundbezüge und der variablen Vergütung. Sie umfassen Geld- und Sachleistungen sowie Vorteile, die zur Verbesserung der Lebensqualität einmalig oder wiederholt gewährt werden.

1.7.3 Kriterien der Entgeltbemessung

Eine absolute Lohngerechtigkeit ist nicht erreichbar, bestenfalls ist eine relative Lohngerechtigkeit realisierbar, da unterschiedliche Arbeitsergebnisse und unterschiedliche Arbeitsanforderungen unterschiedlich entlohnt werden.

Leistungsgerechtigkeit
Bei einem gleichem Arbeitsplatz soll eine unterschiedliche Leistung differenziert vergütet werden. Das Ergebnis sind dann unterschiedliche Lohnformen wie Leistungs- oder Zeitlohn, erfolgsabhängige Entlohnung oder Prämien.

Leistungsgrad
Der Leistungsgrad ist ein beurteilter, prozentualer Zu- oder Abschlag zu einer in Zeit gemessenen menschlichen Arbeitsleistung. Er dient dazu, die individuelle Leistungsausprägungen in Bezug zur Normalleistung *(Soll)* auszudrücken.

$$\text{Leistungsgrad } (\%) = \frac{\text{Istleistung}}{\text{Normalleistung}} \cdot 100$$

Zeitgrad
Der Zeitgrad ist das Verhältnis von vorgegebener Sollzeit zu erzielter Istzeit *(entspricht 100%)* und hat eine besondere Bedeutung im Akkordlohn. Zeitgrad ist keine Leistung!

$$\text{Zeitgrad } (\%) = \frac{\text{Sollzeit}}{\text{Istzeit}} \cdot 100$$

Anforderungsgerechtigkeit

Die relative Schwierigkeit einer Tätigkeit soll erfasst werden. Über unterschiedliche Methoden der Arbeitsbewertung werden die verschiedenen Anforderungen an den Arbeitsplatz erfasst und bewertet.

summarische Arbeitsbewertung

Ein Verfahren, bei dem die Anforderungen an dem Stelleninhaber als Ganzes zusammengefasst und sie Schwierigkeiten global beurteilt werden. Um Vergleiche vorzunehmen, werden die Tätigkeiten in eine Rangfolge gebracht.

analytische Arbeitsbewertung   *genau Schema (Kind)*

Die Anforderungen eines Arbeitsplatzes werden nach mehreren Anforderungsarten getrennt erfasst und getrennt beurteilt. Zuerst erfolgt eine eindeutige Beschreibung der Tätigkeit sowie der Arbeitssituation. Anschließend werden die Daten für die einzelnen Anforderungsarten ermittelt. Zum Schluss erfolgt eine Ermittlung und Bewertung der Anforderungen.

Sozialgerechtigkeit

Soziale Gesichtspunkte finden insbesondere im Tarifvertrag des öffentlichen Dienstes Anwendung.

Marktgerechtigkeit

branchenbezogen

In einzelnen Branchen, in denen überdurchschnittliche Gewinne ausgewiesen werden, sind höhere Entgelte möglich.

regionalbezogen

In Regionen mit starker Wirtschaft werden höhere Entgelte gezahlt als in Regionen mit schwacher Wirtschaft.

1.7.4 Entgeltermittlung

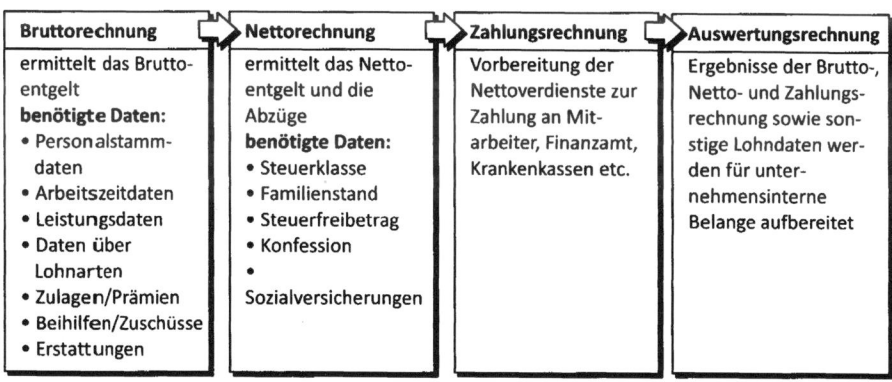

Bruttorechnung	Nettorechnung	Zahlungsrechnung	Auswertungsrechnung
ermittelt das Bruttoentgelt **benötigte Daten:** • Personalstammdaten • Arbeitszeitdaten • Leistungsdaten • Daten über Lohnarten • Zulagen/Prämien • Beihilfen/Zuschüsse • Erstattungen	ermittelt das Nettoentgelt und die Abzüge **benötigte Daten:** • Steuerklasse • Familienstand • Steuerfreibetrag • Konfession • Sozialversicherungen	Vorbereitung der Nettoverdienste zur Zahlung an Mitarbeiter, Finanzamt, Krankenkassen etc.	Ergebnisse der Brutto-, Netto- und Zahlungsrechnung sowie sonstige Lohndaten werden für unternehmensinterne Belange aufbereitet

Abbildung 6: Ablauf der Entgeltermittlung

1.8   Personalführung

1.8.1 Führungsstil

Ein Führungsstil ist die Art und Weise, wie sich eine Führungskraft verhält

aufgabenorientierter Führungsstil

Die Aufgabe oder das Ziel steht im Vordergrund des Handelns

Kennzeichen
- mangelhafte Arbeit wird getadelt
- langsam arbeitende Mitarbeiter werden aufgefordert, sich mehr zu bemühen
- Wert wird auf die Arbeitsmenge gelegt
- Mitarbeiter werden zu größeren Anstrengungen motiviert
- trennt sich schnell von leistungsschwachen Mitarbeitern

mitarbeiterorientierter Führungsstil (1.9)

Die Bedürfnisse und Erwartungen der Mitarbeiter stehen hier im Mittelpunkt.

Kennzeichen
- auf Wohlergehen der Mitarbeiter wird geachtet
- Mitarbeiter werden gleichberechtigt behandelt
- Mitarbeiter werden unterstützt
- bemüht sich um ein gutes Verhältnis zu den Mitarbeitern
- setzt sich für die Mitarbeiter ein

autoritärer Führungsstil (9.1)

Die Führungskraft geht von einem Menschenbild der Geführten aus, das diese als träge, mit geringem Ehrgeiz ausgestattet und als verantwortungsscheu ansieht.

Kennzeichen
- führt kraft seiner Legitimation aufgrund der bestehenden Hierarchie
- erwartet von seinen Geführten stets Gehorsam
- Entscheidungen der Führungskraft sind Anordnungen und werden ohne Begründung gegenüber den Untergebenen getroffen
- informiert nur über zur Aufgabenerfüllung notwendige Tatbestände
- kontrolliert umfassend die Befolgung seiner Anordnungen

kooperativer Führungsstil (9.9)

Sämtliche betriebliche Aktivitäten werden gemeinsam von Vorgesetzten und Mitarbeitern gestaltet.

Kennzeichen
- Überlegungen, Anregungen, Einwände und Vorschläge der Mitarbeiter werden bei Entscheidungen berücksichtigt
- Können und Wissen der Mitarbeiter ist Bestandteil der Aufgabenteilung
- Mitarbeiter werden als Partner verstanden
- Informationen dienen als Führungsmittel

laissez-fairer Führungsstil (1.1)

Bei diesem Führungsstil handelt es sich eher um ein „Nichtführen".

Kennzeichen

- Geführte genießen völlige Freiheit
- Entscheidungen, Arbeitsorganisation, Definition von Zielen, Interaktionen und Kontrollen werden von ihnen selbst getroffen bzw. geführt

situativer Führungsstil

Dieser Führungsstil geht davon aus, dass es nicht einen einzigen angemessenen Führungsstil gibt, sondern dass er von der jeweiligen Situation abhängt. Der optimale Führungsstil hängt ab, ob man sach- oder mitarbeiterbezogen agiert. Je reifer ein Mitarbeiter, desto geringer sollte die Aufgabenorientierung und umso höher die Mitarbeiterorientierung sein.

Verhaltensgitter (Blake und Mouton)

In einem Koordinatensystem wird an der vertikalen Achse das mitarbeiterorientierte und an der horizontalen Achse das aufgabenorientierte Führungsverhalten aufgezeichnet.

Die oben beschriebenen Führungsstile lassen sich aufgrund ihrer Merkmale in das Verhaltensgitter eintragen.

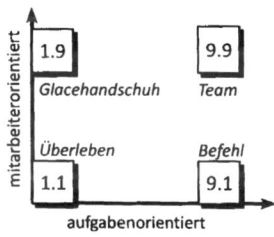

Abbildung 7: Verhaltensgitter

1.8.2 Führungstechniken

Management by Objectives (MbO)

MbO bedeutet Führung durch Zielvereinbarung. Der Vorgesetzte legt gemeinsam mit dem Mitarbeiter bzw. Team die zu erreichenden Ziele fest, auf deren Grundlage er die Abteilung führt und die Leistungsbeiträge bewertet.

Vorteile

- Entlastung der Führungskräfte
- verbesserte Identifikation der Mitarbeiter mit Unternehmenszielen
- objektive Beurteilung der Mitarbeiter
- verbesserte Motivation
- eindeutige Zuordnung von leistungsabhängigen Gehaltsbestandteilen

Management by Delegation (MbD)

Management by Delegation (Führung durch Bevollmächtigung) ist ein Führungsstil, bei dem delegierbare Aufgaben durch einen Vorgesetzten dauerhaft an einen Mitarbeiter übertragen werden. Es wird dabei nicht nur die Aufgabe, sondern auch die Verantwortung und die Kompetenz delegiert. Führungsaufgaben sind dagegen nicht delegierbar.

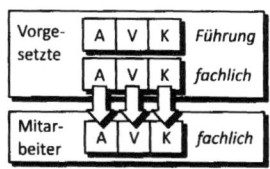

Abbildung 8: Prinzip von MbD

Management by Exception *(MbE)*
Bei dem Führen nach dem Ausnahmeprinzip überlassen Führungskräfte die Erledigung von Routinefällen den Mitarbeitern zur eigenverantwortlichen Entscheidung und behalten sich die eigene Entscheidung nur für Ausnahmefälle vor.

Management by Results *(MbR)*

Management by Results bezeichnet eine Führungstechnik, die dem Mitarbeiter klare Leistungsergebnisse vorgibt *(→ ähnlich dem autoritären Führungsstil).*

Polaritätenprofil von Bleicher

Bleicher geht davon aus, dass die verschiedenen Arten des Führungsverhalten sich auf die unterschiedliche Ausprägung der einzelnen Führungselemente auswirken:

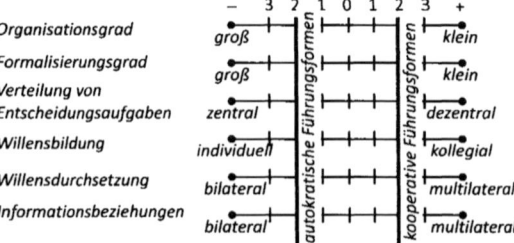

Abbildung 9: Polaritätsprofil von Bleicher

- Je stärker die Ausprägungen der einzelnen Merkmale negativ sind, umso mehr wird eine autokratische Führungsform geprägt.
- Je mehr die Ausprägungen positive Werte annehmen, umso kooperativer ist die Führungsform einzustufen.

3-D-Modell von Reddin

Das Modell des **situativen Führungsstils** unterscheidet im ersten Schritt vier Grundstile Beziehungsstil, Verfahrensstil, Integrationsstil und Aufgabenstil.

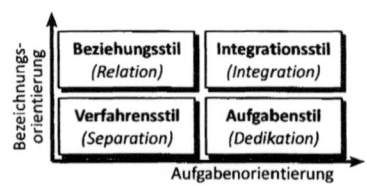

Abbildung 10: 3-D-Modell von Reddin

Im zweiten Schritt unterscheidet es auf die konkrete Führungssituation fünf Komponenten Arbeitsweise, Mitarbeiter, Kollegen, Vorgesetzter und Organisation.

Danach wird analysiert, welche Grundstilanforderung auf jeder der fünf Komponenten anzuwenden ist und eine Schnittmenge des am besten geeigneten Führungsverhaltens abgeleitet. Je nach Grad der Übereinstimmung von situativ geeignetem Führungsstil und als Kompromiss angewandtem Führungsstil wird ein Effizienzgrad in den einzelnen Komponenten erreicht *(dritte Dimension).*

Reifegradtheorie *(Hersey/Blanchard)*

Mittels Reifegradbestimmung des zu führenden Mitarbeiters wird der richtige Führungsstil ausgewählt

Unterscheidung der Reifegrade
- Leistungsmotivation
- Bereitschaft und Fähigkeit zur Übernahme von Verantwortung

- Ausbildung
- Erfahrung

Je höher der Reifegrad des Mitarbeiters, umso mehr kann der Führungsstil zu einem selbstständig arbeitenden Mitarbeiter verändert werden.

folgende vier Führungsstile werden hier situativ eingesetzt
- autoritärer Führungsstil *(directing)*
- integrierender Führungsstil *(coaching)*
- partizipativer Führungsstil *(supporting)*
- Delegationsstil *(delegating)*

Einführungs- seminar	Team- entwicklung	Intergruppen- entwicklung	Ideal- modell der Organisation	Anwendung des Idealmodells	Erfolgs- kontrolle
Teilnehmer ermitteln kritisch ihr eigenes Führungs- verhalten	optimale situative Führungs- verhalten (9.9) wird geübt	Anstreben der Beziehungsver- besserung zwi- schen organisa- torisch getrenn- ten Gruppen innerhalb der Aufbau- und Ab- lauforganisation	Organisationsziel, -struktur und Strategie auf Un- ternehmensziel abstimmen, um ein ideales Orga- nisationsmodell zu entwickeln	Implementierung der geplanten Re- organisationspro- zesse in den Organisations- einheiten	Erfolgsmessung anhand stand- ardisierter Frage- bögen mit der Möglichkeit, wei- tere Verbesser- ungen in den Prozess einzu- bringen

Abbildung 11: Phasen der resultierenden Organisationsentwicklung

1.8.3 Gruppendynamische Aspekte

1.8.3.1   Gruppenstrukturen

Gruppe

Eine Gruppe ist eine Mehrzahl von Menschen mit einer bestimmten Ausprägung.

soziale Gruppe

Die soziale Gruppe ist eine Mehrzahl von Menschen mit einer bestimmten Ausprä- gung an sozialer Integration.

Merkmale einer „sozialen Gruppe":
- direkte Kontakte zwischen den Gruppenmitgliedern (Interaktion)
- physische Nähe
- Wir-Gefühl (Gruppenbewusstsein)
- gemeinsame Ziele, Werte, Normen
- Rollendifferenzierung, Statusverteilung, Strukturen
- relativ langfristiges Überdauern des Zusammenseins

formelle Gruppen	informelle Gruppen
Abteilungen, Stäbe, Projektgruppen	*Fahrgemeinschaft, gemeinsame Hobbys*
• rational organisiert • bewusst geplant und eingesetzt • Verhaltensweisen normiert und extern vorgegeben • über längere Zeit oder befristet • Effizienz steht im Vordergrund	• spontane, ungeplante Beziehungen • innerhalb/neben formellen Gruppen • Ziele, Normen, Rollen, Status weichen von der formellen Gruppe ab • Gruppenbildung geht auf Bedürfnisse der Mitglieder zurück

Tabelle 5: Unterschiede zwischen den einzelnen Gruppen

Positive Folgen der informellen Gruppe	Negative Folgen der informellen Gruppe
• schließen Lücken, die bei der Regelung von Arbeitsabläufen oft nicht vermieden werden können • schnelle, unbürokratische Kommunikation ist innerhalb und zwischen den Abteilungen möglich • Befriedigung von Bedürfnissen, die die formelle Gruppe nicht leistet	• Gruppenziele/-normen, die von den Organisationszielen abweichen • Verbreitung von Gerüchten über informelle Kanäle • Isolierung unbeliebter Mitarbeiter

Tabelle 6: mögliche Folgen der informellen Gruppe

Teamarbeit

Eine Arbeitsform im Unternehmen zur koordinierten Verrichtung einer Arbeit über einen bestimmten Zeitraum, bei der eine begrenzte Anzahl von Arbeitskräften planmäßig zusammengefasst wird, um ein höheres Leistungsniveau zu erreichen.

Teilautonome Gruppen

Bei der teilautonome Gruppe wird ein Teil der Verantwortung und der Entscheidungsbefugnis des Managements direkt auf das Team übertragen, damit die Gruppe selbständig und eigenverantwortlich ihre Ziele erreichen kann. Neben Ausführungstätigkeiten werden einer teilautonomen Gruppe auch Organisations- und Planungs-, Instandhaltungs- sowie Kontrollaufgaben übertragen. Diese Art der Organisation bringt beträchtliche Vorteile mit sich, da viele Probleme bereits in der Gruppe gelöst werden.

1.8.3.2   Grundbegriffe

Position *(Stellung)*
Bezieht sich auf einen sozialen Ort in einer sozialen Struktur, der bestimmte Rechte und Privilegien einräumt, aber auch bestimmte Pflichten mit sich bringt.

Status
Bezeichnet den Platz in einem sozialen System und an den bestimmte Rollenerwartungen geknüpft werden. Der formelle Status ergibt sich aus der Betriebshierarchie, während sich der informelle Status ungeplant in der Gruppe heraus bildet.

Prestige
Personenunabhängiges Ansehen, das ein Einzelner innerhalb einer Gruppe aufgrund der betrieblichen Stellung genießt.

soziale Rolle
Die Summe der Erwartungen, die dem Inhaber einer Position entgegengebracht werden sowie ein Verhaltensmuster, das mit einer Position verbunden wird.

Gruppennorm
Inhaltlich festgelegte, relativ konstante und verbindliche Regeln für das Verhalten der und in der Gruppe, wie in bestimmten Situationen zu handeln ist.

Gruppendynamik
Bezeichnet die Kräfte, durch die Veränderungen innerhalb einer Gruppe verursacht werden, aber auch die Kräfte, die von einer Gruppe nach außen hin bewirkt werden.

Gruppenkohäsion
Ist ein Ausdruck für den inneren Zusammenhalt einer Gruppe. Eine hohe Gruppenkohäsion hat eine geringe Fluktuation zur Folge.

Gruppendruck
Abweichende Ansichten, Argumente oder Arbeitsweisen von Einzelnen werden durch den Erwartungsdruck anderer Mitglieder unterdrückt.

1.8.4 Gruppenbildung

Regeln der Gruppenbildung

Interaktionsregel
Je häufiger Interaktionen zwischen den Mitgliedern stattfinden, umso mehr wird das Wir-Gefühl gefördert.

Angleichungsregel
Je länger eine Gruppe besteht, desto mehr gleichen sich Ansichten und Verhaltensweisen der Einzelnen an.

Distanzierungsregel
Die Gruppe grenzt sich nach außen hin bis zur Feindseligkeit ab.

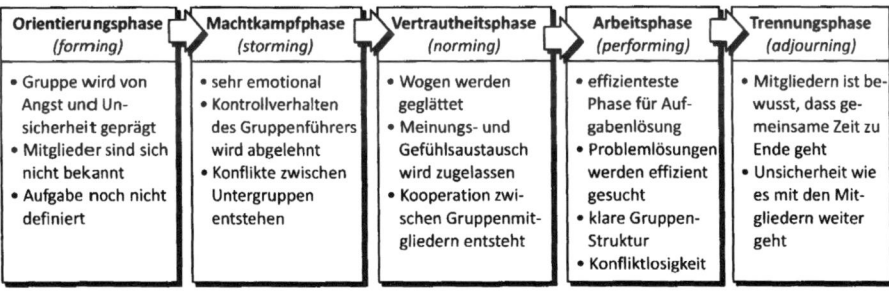

Orientierungsphase (forming)	Machtkampfphase (storming)	Vertrautheitsphase (norming)	Arbeitsphase (performing)	Trennungsphase (adjourning)
• Gruppe wird von Angst und Unsicherheit geprägt • Mitglieder sind sich nicht bekannt • Aufgabe noch nicht definiert	• sehr emotional • Kontrollverhalten des Gruppenführers wird abgelehnt • Konflikte zwischen Untergruppen entstehen	• Wogen werden geglättet • Meinungs- und Gefühlsaustausch wird zugelassen • Kooperation zwischen Gruppenmitgliedern entsteht	• effizienteste Phase für Aufgabenlösung • Problemlösungen werden effizient gesucht • klare Gruppen-Struktur • Konfliktlosigkeit	• Mitgliedern ist bewusst, dass gemeinsame Zeit zu Ende geht • Unsicherheit wie es mit den Mitgliedern weiter geht

Abbildung 12: Phasen der Gruppenbildung

1.9   Zielorientierte Mitarbeiterführung

Bei der zielorientierten Mitarbeiterführung steht der einzelne Mitarbeiter im Mittelpunkt der Betrachtung. Ein Schwerpunkt stellt das Zielvereinbarungsgespräch als Führungsinstrument dar.

1.9.1 Zielvereinbarungsgespräch

Ein Zielvereinbarungsgespräch ist nur dann erfolgreich, wenn die Ziele gut gewählt und eindeutig beschrieben werden. Das Vereinbaren von Zielen mit bedeutungsvollem Inhalt sollte Bestandteil des Gesprächs sein. Bei der Bestimmung des Inhalts und Umfang der Ziele sollte der Vorgesetzte die Reife des Mitarbeiters berücksichtigen. Ziele sollten herausfordernd, aber dennoch realistisch und erreichbar sein.

Leitfaden für Zielvereinbarungsgespräche
- Gesprächseröffnung
- Bereichsziele aus übergeordneten Zielsystem ableiten
- Darstellung von Anforderungen und entstehende Aufgaben für den Mitarbeiter
- Kommentierung und Weiterführung der Darstellungen des Mitarbeiters durch den Vorgesetzten
- inhaltliche Vereinbarung zwischen Vorgesetzten und Mitarbeiter über konkrete Ziele, Schwerpunkte und Prioritäten
- Diskussion vorhersehbarer Probleme und Schwierigkeiten bei der Zielerreichung
- Vereinbarung der Rahmenbedingungen *(Maßstäbe, Termine, Zeitspanne)*
- Überprüfung der Ressourcen des Mitarbeiters und ggf. Qualifizierung festlegen
- Überprüfen der Kompetenzen, um notwendige Entscheidungen treffen zu können
- zeitliche Kapazitäten des Mitarbeiters bzw. der ihm unterstellten Mitarbeiter
- materielle Ressourcen *(Budget, Sachmittel)*
- schriftliche Dokumentation der Ziele und Vereinbarungen
- Gesprächsabschluss

1.9.2 Coaching

Coaching ist die professionelle individuelle Beratung im beruflichen Kontext. Der Vorgesetzte versucht, die Potenziale aller Mitarbeiter zu erkennen, und hilft, tägliche Arbeit so zu gestalten, dass diese Potenziale optimal entfaltet und entwickelt werden können. Anfallende Probleme werden jedoch nicht vom Coach gelöst, sondern im Gespräch mit ihm analysiert und die möglichen Alternativen werden diskutiert. Die Entscheidung über den optimalen Weg trifft der Mitarbeiter selbst.

1.10   Arbeits- und Sozialrecht

1.10.1 Arbeitsrecht

Das Arbeitsrecht regelt die Recht der abhängig Beschäftigten, also für alle Arbeitnehmer.

Bestandteile *(Auswahl)*
- Arbeitsvertragsrecht

- Betriebsverfassungsrecht
- Mitbestimmungsgesetze
- Arbeitszeitgesetz
- Kündigungsschutzgesetz
- Tarifverträge
- Schwerbehindertenrecht
- Ausbildungsförderungsgesetz
- Datenschutzrecht

Ziel
Ziel ist der Schutz der Arbeitnehmer im bestehenden Arbeitsverhältnis zu gewährleisten.

Individualrecht
Das Individualrecht enthält Regeln über Anbahnung, Abschluss, Inhalt, Übergang und Beendigung des Arbeitsverhältnisses.

kollektives Arbeitsrecht
Betrifft überbetrieblich wirkende Koalition (Gewerkschaften, Arbeitgeberverbände) und betrieblichen Schutzvertretungen der Arbeitnehmer (Betriebsräte).

1.10.2 Sozialwesen

Ziel der betrieblichen Sozialpolitik
Soll sozialpolitische und personalpolitische Funktionen zu erfüllen, z.b. qualifizierte Mitarbeiter für Unternehmen gewinnen oder halten sowie ihre Leistungsbereitschaft bewahren und erhöhen. Betriebliche Sozialleistungen bieten die Möglichkeit, auf dem Arbeitsmarkt erfolgreich um Mitarbeiter zu konkurrieren, da mit besondere Sozialleistungen ein zusätzlicher Anreiz geschaffen werden kann.

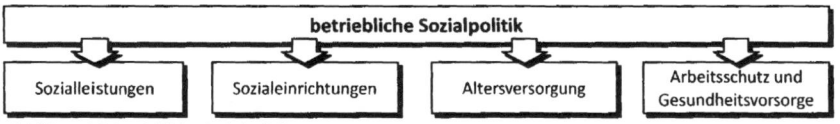

Abbildung 13: betriebliche Sozialpolitik

Sozialleistungen

Sozialleistungen sind weder gesetzlich noch tarifvertraglich festgelegt, sie sind also mehr oder weniger freiwillige der Arbeitgeber an den Arbeitnehmer. Ziel, Art und Umfang der Leistungen werden vom Unternehmen selbst festgelegt und werden häufig durch Betriebsvereinbarungen oder betriebliche Übungen rechtlich abgesichert. Die Maßnahme richtet sich direkt an den einzelnen Mitarbeiter wie z.B. Darlehen, vermögenswirksame Leistungen oder verlängerte Entgeltfortzahlung.

Sozialeinrichtungen

Bei den Sozialeinrichtungen besteht nur eine indirekte Wirkung für den einzelnen Mitarbeiter. Es sind meistens betriebliche Einrichtungen, die auf Dauer angelegt sind und bestimmten sozialen Zwecken dienen, z.B. Kantine, Verkaufsstellen, Erholungseinrichtungen, Sportanlagen, Kindertagesstätten oder der betriebsärztliche Dienst.

betriebliche Altersversorgung

Abbildung 14: Formen der betrieben Altersversorgung

Direktzusage
Der Arbeitnehmer erhält einen Rechtsanspruch auf die Versorgungsleistungen direkt gegenüber dem Arbeitgeber. Der Träger ist das Unternehmen, eine Eigenbeteiligung der Arbeitnehmer ist ausgeschlossen.

Unterstützungskasse
Die Unterstützungskasse gewährt unter bestimmten Voraussetzungen neben Renten meist auch Beihilfen unterschiedlichster Art. es besteht kein Rechtsanspruch auf Versorgungsleistung. Der Träger ist das Unternehmen.

Pensionskasse
Pensionskassen sind eine eigene Rechtspersönlichkeit und gewähren einen Rechtsanspruch auf Versorgungsleistung. Die Finanzierung der Beiträge erfolgt durch das Unternehmen, Eigenleistungen der Mitarbeiter sind jedoch möglich.

Direktversicherung
Der Arbeitgeber schließt bei einer privater Versicherungsgesellschaft einen Versicherungsvertrag zugunsten des Arbeitnehmers ab. Die Leistungen werden ganz oder teilweise vom Arbeitgeber finanziert, Eigenbeteiligung der Mitarbeiter ist möglich.

Pensionsfonds
Der Pensionsfonds ist ein rechtlich selbstständiger Versorgungsträger, der das Kapital verwaltet, das für einen bestimmten Arbeitnehmer eingezahlt wird, das im Versorgungsfall ausgezahlt wird. Wichtig ist, dass das Risiko der Langlebigkeit abgesichert wird, damit es sich noch um eine Leistung der betrieblichen Altersversorgung handelt.

Cafeteria-Modell

Mitarbeiter können aus verschiedenen Angeboten und Leistungen wählen, für die sie „draußen" teurer bezahlen müssten oder Angebote der Firma, die in der Präferenz hoch bewertet werden wie z.B. Bildungs- oder Langzeiturlaub.

1.11   Beteiligungsrechte der Arbeitnehmer

1.11.1 Betriebsrat

Der Betriebsrat hat in der Regel in wirtschaftlichen Angelegenheiten ein **Mitwirkungsrecht**, in sozialen und personellen Angelegenheiten ein **Mitbestimmungsrecht** *(er wird nicht nur informiert oder angehört, er hat auch mit zu entscheiden).*

→ *Rechtsgrundlage ist §1 ff. Betriebsverfassungsgesetz (BetrVG)*

1.11.1.1   Betriebsratswahlen

Der Betriebsrat wird alle 4 Jahre in der Zeit vom 01.03. bis zum 31.05. gewählt. Wahl-berechtigt sind alle Arbeitnehmer, die das 18. Lebensjahr vollendet haben *(§7 Be-trVG)*. Wählbar sind alle Wahlberechtigten, die 6 Monate dem Betrieb angehören *(§8 BetrVG)*.

1.11.1.2   Errichtung von Betriebsräten

In Betrieben mit mindestens 5 ständigen wahlberechtigten Arbeitnehmern, von de-nen drei wählbar sind, werden Betriebsräte gewählt *(§1 BetrVG)*.

1.11.1.3   Stellung des Betriebsrates

Der Betriebsrat arbeitet unter Beachtung der geltenden Tarifverträge vertrauensvoll zum Wohl der Arbeitnehmer und des Betriebes mit dem Arbeitgeber zusammen *(§2 BetrVG)*.

1.11.1.4   Aufgaben des Betriebsrates

• Überwachung der Einhaltung von Gesetzen, Unfallverhütungsvorschriften, Tarif-verträge und Betriebsvereinbarungen
• Maßnahmen beim Arbeitgeber beantragen, die Betrieb und Belegschaft dienen
• Förderung der Durchsetzung der tatsächlichen Gleichstellung von Frau und Mann
• Weiterleitung und Unterstützung der Anregungen von Arbeitnehmern und Ju-gendvertretern
• Förderung der Eingliederung von Schwerbehinderten
• Vorbereitung/Durchführung der Wahl der Jugend- und Auszubildendenvertretung
• Förderung der Beschäftigung älterer Arbeitnehmer
• Förderung der Integration ausländischer Arbeitnehmer im Betrieb
• Förderung und Sicherung der Beschäftigung im Betrieb
• Förderung von Maßnahmen des Arbeitsschutz und betrieblicher Umweltschutz

1.11.1.5   Rechte des Betriebsrates

In **wirtschaftlichen Angelegenheiten** ist er über wirtschaftliche und finanzielle Lage des Unternehmens *(§106 BetrVG)* sowie über Rationalisierungsvorhaben und Investi-tionsprogrammen zu unterrichten.

In **personellen Angelegenheiten** hat bei der Erstellung von Personalfragebögen (§94) sowie der bei Einstellung, Umgruppierung und Versetzung (§99 BetrVG) mitzuwirken.

In **sozialen Angelegenheiten** hat er eine Mitentscheidung über Arbeitszeit, Pausenre-gelung und Urlaubsplanung *(§87 BetrVG)* sowie eine Mitbestimmung bei Kündigun-gen *(§102 BetrVG)*.

1.11.1.6   Tätigkeiten des Betriebsrates

Betriebsversammlungen sind vom Betriebsrat vierteljährlich einzuberufen. Der Be-triebsrat hat in der Betriebsversammlung einen Tätigkeitsbericht zu erstatten *(§43 BetrVG)*. Betriebsratssitzungen und Sprechstunden des Betriebsrates finden in der Regel während der Arbeitszeit statt *(§30, 39 BetrVG)* Der Betriebsrat kann mit dem

Arbeitgeber Betriebsvereinbarungen beschließen z.B über Errichtung von Sozialeinrichtungen *(§88 BetrVG)*.

1.11.2 Betriebsversammlungen *(§42 ff. BetrVG)*

Sie sind vom Betriebsrat vierteljährig einzuberufen und werden vom Betriebsratsvorsitzenden geleitet. Vor versammelten Arbeitnehmern erstattet der Betriebsrat seinen Tätigkeitsbericht. Auch der Arbeitgeber ist einzuladen, da er vierteljährlich über die wirtschaftliche Lage und über das Personal- und Sozialwesen zu berichten hat.

1.11.3 Betriebsausschuss *(§27 BetrVG)*

Besteht ein Betriebsrat aus mindestens neun Mitgliedern, so wird ein Betriebsausschuss gebildet, der die laufenden Geschäfte des Betriebsrates führt. Der Betriebsrat kann dem Betriebsausschuss mit der Mehrheit der Stimmen seiner Mitglieder Aufgaben zur selbständigen Erledigung übertragen, dies gilt jedoch nicht für den Abschluss von Betriebsvereinbarungen.

1.11.4 Einigungsstelle *(§76 BetrVG)*

Sie dient zur Beilegung von Meinungsverschiedenheiten zwischen Arbeitgeber und Betriebsrat. Die Einigungsstelle ist bei Bedarf zu bilden, kann aber über Betriebsvereinbarungen dauerhaft errichtet werden. Sie besteht aus einer gleichen Anzahl von Beisitzern, die vom Arbeitgeber und dem Betriebsrat bestellt werden, sowie einem unparteiischen Vorsitzenden, der von beiden Seiten bestimmt wird. Beschlüsse werden mit einfacher Mehrheit gefasst.

1.11.5 Wirtschaftsausschuss *(§106 ff. BetrVG)*

In Unternehmen mit mehr als 100 ständig beschäftigten Arbeitnehmer ist ein Wirtschaftsausschuss zu bilden. Zu den Aufgaben gehören die wirtschaftlichen Angelegenheiten mit dem Arbeitgeber zu beraten und den Betriebsrat zu Informieren. Der Wirtschaftsausschuss besteht aus mindestens drei und höchstens sieben Mitglieder, die vom Betriebsrat bestimmt werden und soll monatlich einmal zusammentreten.

1.11.6 Sprecherausschuss *(§1 ff. SprAuG)*

In Unternehmen mit mindestens zehn leitenden Angestellten werden Sprecherausschüsse der leitenden Angestellten gewählt. Er soll mit den Arbeitgebern vertrauensvoll zusammenarbeiten und vertritt die Interessen der leitenden Angestellten.

1.11.7 Schlichtungsverfahren

Zwischen Gewerkschaft und Arbeitgeberverband wird ein Schlichtungsverfahren vereinbart, um harte Tarifauseinandersetzungen zu verhindern. Ein von beiden Seiten akzeptierter und neutraler Schlichter schläft eine Tariflösung vor, die nicht binden ist. Der Druck der Öffentlichkeit führt aber in der Regel zu einer Übernahme des Schlichterspruchs.

1.11.8 Streik und Aussperrung

Die Gewerkschaft ruft einen **Streik** aus, um ihre Tarifforderungen durchzusetzen. Für diese Zeit des Verdienstausfalls erhalten die Gewerkschaftsmitglieder ein Streikgeld von der Gewerkschaft. Bei größeren Streiks droht die Streikkasse leer zu werden. Bei den Arbeitgebern führen die Streiks zum Produktionsstillstand und Gewinnausfällen. Nur durch diesen wirtschaftlichen Druck auf beide Tarifvertragsparteien kommt eine Tarifeinigung zustande.

Die Antwort des Arbeitgeberverbandes auf den Streik ist die **Aussperrung**. Damit es nicht zu einem sofortigen Zusammenbruch der Streikkasse der Gewerkschaft führt, sind Aussperrungen im Umfang rechtlich begrenzt. Es geht darum, dass keine der beiden Seiten ein Übergewicht erhält *(Grundsatz der Verhältnismäßigkeit)*.

Streikarten

Warnstreik
Dient in der Regel in der ersten Verhandlungsphase zur Untermauerung der Gewerkschaftsforderung. Er umfasst nur relativ wenige Arbeitnehmer und wird nur für kurze Zeit durchgeführt.

Flächenstreik
Unternehmen werden in der Fläche bestreikt, zum Beispiel im gesamten Tarifbezirk.

Schwerpunktstreik
Nur ausgewählte Unternehmen wie z.B. Zulieferbetriebe oder bestimmte Abteilungen werden bestreikt. Dieser Streikart ist für die Gewerkschaft kostengünstig, verspricht aber hohen Erfolg.

wilder Streik
Dieser Streik wird nicht von einer Gewerkschaft, sondern von selbstorganisierten Arbeitnehmern ausgerufen. Diese Streikform zeigt, dass die streikenden Arbeitnehmer sich nicht von der Gewerkschaft vertreten fühlen. Die Rechtmäßigkeit wird in der Regel verneint, da er wird von keiner tariffähigen Partei durchgeführt.

1.12   Arbeitsmethodik

Eisenhower-Prinzip

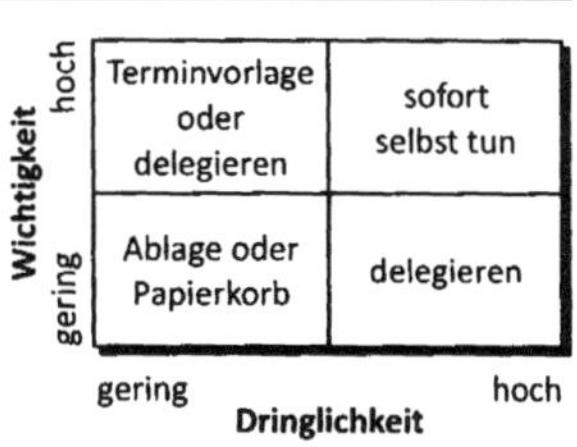

Alle Aktivitäten werden nach ihrer Dringlichkeit und Wichtigkeit in vier Kategorien eingeteilt. Dabei gilt der Grundsatz: **Wichtigkeit vor Dringlichkeit.**

A-Aufgaben sind wichtige und dringende Aufgaben, die sofort selbst zu erledigen sind.

B-Aufgaben sind wichtige, aber nicht dringende Aufga-

hoch	Terminvorlage oder delegieren	sofort selbst tun
gering	Ablage oder Papierkorb	delegieren
	gering	hoch

Wichtigkeit / Dringlichkeit

Abbildung 15: Eisenhower-Prinzip

ben Man kann sie planen, terminieren und eventuell an Mitarbeiter delegieren.

C-Aufgaben sind weniger wichtige, aber dringende Aufgaben, die delegiert oder nachrangig bearbeitet werden können.

D-Aufgaben sind weder wichtige noch dringende Aufgaben. Sie können abgelegen oder vernichten werden.

Pareto-Analyse

Die wirklich wichtigen Aufgaben machen nur einen kleinen Anteil innerhalb einer Gesamtaufgabe aus. Man erzielt bei 20 % der strategisch eingesetzten Zeit und Energie 80% des Ergebnisses *(80:20-Regel)*.

ABC-Analyse

Die ABC-Analyse unterteilt Aufgaben in sehr wichtig *(A)*, wichtig *(B)* und weniger wichtig *(C)*.

Die sehr wichtigen **A-Aufgaben** werden selbst erledigt oder mithilfe eines Teams verantwortlich durchgeführt.

B-Aufgaben sind durchschnittlich wichtige Aufgaben, die auch delegiert werden können.

C-Aufgaben sind Aufgaben, die für die Erfüllung der Funktion weniger wichtig sind.

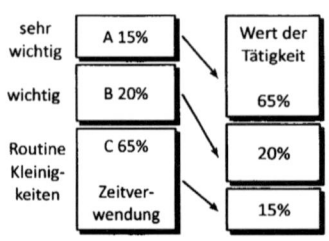

Abbildung 16: ABC-Analyse

4 Entlastungsfragen

Stellung der vier Entlastungsfragen vor Beginn jeder Aktivität
1. Warum gerade ich?   → delegieren
2. Warum gerade jetzt?   → auf Termin legen
3. Warum so?   → vereinfachen, schlanke Lösung suchen, rationalisieren
4. Warum überhaupt?   → weglassen, eliminieren

ALPEN-Methode

➜ **A**ufgaben, Aktivitäten und Termine aufschreiben

➜ **L**änge der Tätigkeiten abschätzen

➜ **P**ufferzeiten reservieren

➜ **E**ntscheiden über Prioritäten

➜ **N**achkontrolle

2 PLANUNGSKONZEPTE

2.1 Unternehmensplanung

Unternehmerisches Handeln muss stets geplant werden, um die Auswirkungen des Handelns abschätzbar und kontrollierbar zu machen. Dabei ist Planung die gedankliche Vorwegnahme von Entscheidungen.

Phasen

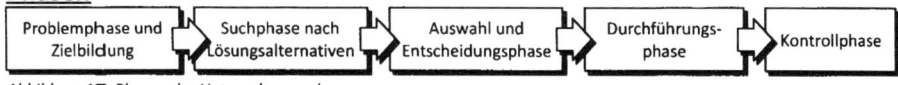

Abbildung 17: Phasen der Unternehmensplanung

Funktionen der Planung

* Abbau von Unsicherheiten, die oft auf psychologischer Ebene sind
* Vermeidung von unternehmerischen Fehlentscheidungen
* Motivation zur Leistung
* Förderung der Kreativität
* Koordination der Unternehmensabläufe zur Erreichung der Unternehmensziele
* Anpassung an Umweltveränderungen
* Schaffung der Voraussetzungen für künftiges Handeln

2.2 Ebenen der Planung

unternehmenspolitische Rahmenplanung

Die Rahmenplanung schafft allgemeine Grundsätze wie Unternehmensphilosophie, Leitbilder der Personalführung etc.

strategische Planung *(langfristig; über mehrere Jahre)*

Die strategische Planung sichert das langfristige Überleben und Wachstum sowie die Potenziale des Unternehmens, durch z. B. Definition der strategischen Geschäftsfelder oder der Organisationsstruktur.

taktische Planung *(mittelfristig; ein bis drei Jahre)*

Aus ihr werden mittelfristig operationalisierbare Ziele abgeleitet.

operative Planung *(kurzfristig; bis zu einem Jahr)*

Sie dient der Umsetzung der Planung mithilfe von Teilplänen, z. B. Produktionsplan, Absatzplan Kostenplan oder Personalplan.

Verfahren

Top-down-Verfahren *(von oben nach unten)*

Das Top-Management legt die Ziele fest und das Middle-Management entwickelt daraus die Maßnahmenpläne.

Bottom-up-Verfahren *(von unten nach oben)*

Die Pläne werden vom Lower- und Middle-Management entwickelt und vom Top-Management anschließend koordiniert und genehmigt.

Gegenstromverfahren
Ist eine Kombination aus Top-down/Bottom-up-Verfahren. Die Unternehmensleitung
legt ihre Ziele fest. Die unteren Führungsebenen setzen diese Ziele in konkrete Maßnahmenpläne um *(Top-down)*. Diese werden wiederum der Unternehmensleitung
rückgekoppelt und von ihr genehmigt *(Bottom-up)*.

2.3   Einflussfaktoren

interne Einflussfaktoren	externe Einflussfaktoren
vom Unternehmen beeinflussbar	*vom Unternehmen nicht beeinflussbar*
• Marktanteil/Marktpotenzial	• Kundenverhalten
• Finanzkraft des Unternehmens	• sozial-kulturelles Umfeld
• Flexibilität der Organisationsstruktur	• ökologische Faktoren
• Wettbewerbsstärke im Vergleich zu	• technologische Faktoren
Konkurrenten	• binnenwirtschaftliche Faktoren
• Personalqualifikation und Motivation	• außenwirtschaftliche Faktoren
• materielle und personelle Ressourcen	• politisch-gesetzliche Faktoren
• technologischer Entwicklungsstand	• Arbeitsmarkt
• Produktivität und Effizienz	• Beschaffungsmarkt
• Produkt- oder Dienstleistungsangebot	• Absatzmarkt
des Unternehmens	• Geld- und Kapitalmarkt

Tabelle 7: Einflussfaktoren

2.4   Managementprozess

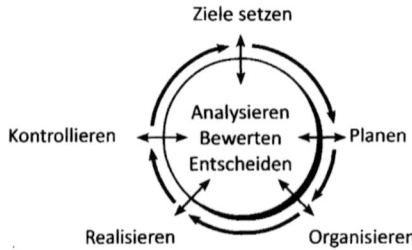

Abbildung 18: Managementprozess

2.5   Methoden der Entscheidungsfindung

2.5.1 Portfolio-Analyse

Eine bewährte Möglichkeit, Entscheidungen für strategische Geschäftsfelder zu fällen. Sie dient der Ermittlung der Marktposition der Produkte und ihres Erfolgspoten-
zials, um Erfolg versprechende Bereiche ausbauen zu können. Mögliche Gegenstände
der Portfolio-Analyse können z.B. das Unternehmen, Produkte oder Kunden sein.

Portfolio-Matrix

Auf einer Achse wird eine vom Unternehmen beeinflussbare, interne Größe *(z.B. Marktanteil)*, auf der anderen ein unternehmensunabhängiger, externer Faktor *(z.B. Marktwachstum)* aufgetragen.

4-Felder- oder Boston-Matrix

Ein Modell mit dem internen Bewertungskriterium Marktwachstum und dem externen Kriterium Marktanteil. Der Marktanteil wird in Relation zum führenden Konkurrenten gemessen.

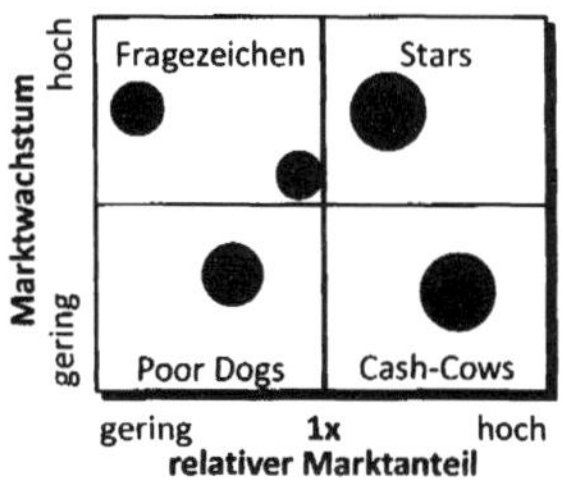

Abbildung 19: 4-Felder-Matrix

vier Stadien der Marktentwicklung

Fragezeichen *(Question Marks)* haben einen niedrigen relativen Marktanteil, aber ein hohes Marktwachstum. Wenn die Aussichten für die Zukunft gut erscheinen, sollte man investieren, andernfalls den Rückzug zum Markt anstreben.

Sterne *(Stars)* weißen einen hohen relativen Marktanteil und ein hohes Marktwachstum aus. Es sollte investiert werden, um den Marktanteil zu vergrößern oder mindestens zu halten.

Kühe *(Cashcows)* haben einen hohen relativen Marktanteil und geringes Marktwachstum. Stadium ist charakteristisch für Produkte, die am Ende ihres Lebenszyklus sind. Solange sie Gewinn bringen, sollte man sie abschöpfen, andernfalls vom Markt nehmen.

Arme Hunde *(Poor Dogs)* haben einen niedrigen relativen Marktanteil und ein niedriges Marktwachstum. Sie sollten aufgrund der schlechten Wachstumsaussichten aufgegeben werden.

Marktattraktivitäts-/Wettbewerbsanalyse

Wurde entwickelt, um für die unternehmerische Strategieplanung eine noch differenziertere Beurteilung als die 4-Felder-Matrix zu ermöglichen.

Marktattraktivität \ Wettbewerbsstärke	niedrig	mittel	hoch
hoch	verdoppeln oder stoppen	verstärkte Anstrengung	Führerschaft
mittel	möglicher Ausstieg	vorsichtiges Fortfahren	Wachstum
niedrig	Desinvestition	schrittweiser Ausstieg	„Cash Gerneration"

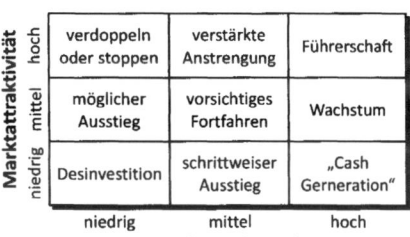

Abbildung 20: Marktattraktivitäts-/Wettbewerbsanalyse

Durchführung

- strategische Geschäftsfelder klar abgrenzen
- wichtigste Wettbewerber benennen
- eigene/fremde Marktattraktivität sowie Wettbewerbsstärke ermitteln
- Geschäftsfeld in Portfolio-Matrix einordnen
- Zuordnung interpretieren
- entsprechende Strategien ableiten

Kriterien für Marktattraktivitätsanalyse	Kriterien für Wettbewerbsstärke
• Marktattraktivität quantitativ • Marktgröße • Marktwachstum qualitativ • Rohstoffbeschaffung • Umweltfaktoren • Konjunktur/Inflation • gesetzliche Bestimmungen	• relative Marktposition/Marktanteil • Unternehmensgröße • Kapitalkraft • Image • Standort • Kapazitäten/Kapazitätsauslastung • technischer Stand der Anlagen

Tabelle 8: mögliche Kriterien für eine Marktattraktivitäts-/Wettbewerbsanalyse

2.6   Frühwarnsysteme

Eine strategische Analyse der Umweltbedingungen ist aufgrund des erhöhten Tempo der wirtschaftlichen Veränderungen erforderlich, da die früher als sicher einschätzbaren Planungsgrößen ihre Stabilität verloren haben und langfristige Trends sich durch größere kurz- und mittelfristige Schwankungen auszeichnen.

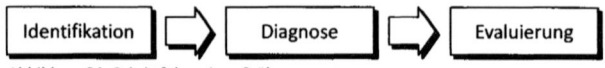

Abbildung 21: Schrittfolge eines Frühwarnsystems

Die **Identifikation** dient der Feststellung von Veränderungen durch Beschaffung von Informationen. In der **Diagnose** werden alle beobachteten Signale analysiert der, wobei die Richtigkeit der Daten nochmals überprüft, die Ursachen untersucht werden. Im letzten Schritt *(der Evaluierung)* werden Mithilfe der gewonnenen Erkenntnisse die Auswirkungen der Veränderungen auf die eigene unternehmerische Tätigkeit evaluiert und prognostiziert.

Delphi-Methode

Ist ein Prognoseverfahren auf der Grundlage einer systematisch durchgeführten Expertenbefragung.

Anwendung der Methode:
1. Fragebogen entwickeln
2. Prüfkriterien aufstellen
3. Fragebogen den Experten zukommen lassen
4. Fragebogen von den Experten mit Begründungen ausfüllen und zurücksenden lassen
5. Durchschnitt der Ergebnisse bilden
6. Durchschnittswerte den Experten vorlegen
7. Experten denselben Fragebogen nochmals ausfüllen lassen
8. Vorgang von 1. bis 6. so lange wiederholen, bis sich eine erkennbare Aussage bildet

Vorteile	Nachteile
• relativ schnell und kosten-günstig • Nutzung von Expertenwissen zur Minimierung von Planungsunsicherheiten	• zufällige und einseitige Zusammensetzung der Experten • oftmals fehlende Offenlegung der Entscheidungskriterien • Anpassung der Stellungnahmen durch psychologisch erklärbare Gruppenwirkung • mögliche Manipulation der Ergebnisse durch bewusste Falscheinschätzungen

Tabelle 9: Vor- und Nachteile der Delphi-Methode

SWOT-Analyse

Ein Instrument der strategischen Planung und dient der Positionsbestimmung und der Strategieentwicklung von Unternehmen. Chancen sind Möglichkeiten, durch neue oder verbesserte Produkte und Dienstleistungen vorhandene oder neue Kunden zu gewinnen.

➥ **S**trengths *(Stärken)* → ausbauen
➥ **W**eaknesses *(Schwächen)* → abbauen
➥ **O**pportunities *(Chancen)* → nutzen
➥ **T**hreats *(Bedrohungen)* → minimieren und vermeiden

SOFT-Matrix

stellt Verbindungen aus der Stärken-Schwächen-Analyse und der Chancen-Risiken-Matrix dar.

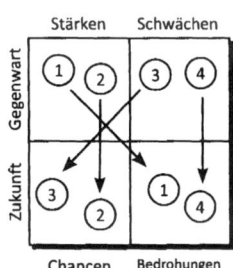

Abbildung 22: SOFT-Matrix

Brainstorming

Eine Methode zur Ideenfindung, die die Erzeugung von neuen, ungewöhnlichen Ideen in einer Gruppe fördern soll.

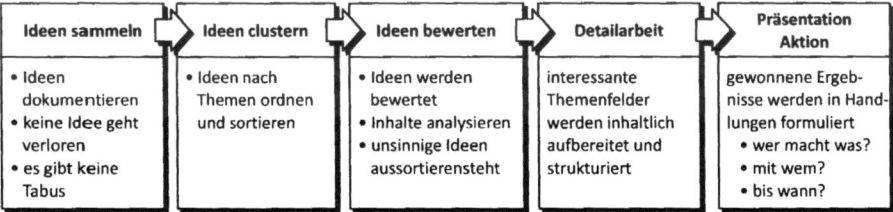

Abbildung 23: Phasen des Brainstormings

Vorteile	Nachteile
• ermöglicht Finden von innovativen Ideen und ausgefallenen Problemlösungen • einfache Handhabung • geringe Kosten • Ausnutzung von Synergieeffekten	• abhängig von den Teilnehmern • Gefahr der Abschweifung • aufwändige Selektion geeigneter Ideen • Gefahr von gruppendynamischen Konflikten

Tabelle 10: Vor- und Nachteile des Brainstormings

Szenario-Technik

Ein Prognoseverfahren, das verschiedene mögliche zukünftige Entwicklungen in Form von Szenarien beschreibt. Ein Szenario umfasst alle inneren und äußeren Einflussfaktoren sowie besondere Veränderungen bewirkende Ereignisse. Da alle Chancen und Risiken im Voraus bestimmt werden, lassen sich für jedes Szenario vorausschauend entsprechende Strategien und Alternativen entwickeln.

Ablauf der Erarbeitung
1. Untersuchungsgegenstand bestimmen
2. Umfeld beschreiben und aufschlüsseln
3. Ist-Zustand beschreiben
4. Entwicklungsmöglichkeiten beschreiben
5. Veränderungsfaktoren bestimmen
6. Szenarien ausarbeiten
7. Strategien entwickeln

2.7 Unternehmensziele

Abbildung 24: Unterteilung der Ziele

2.7.1 Unternehmenszielfindungsprozess

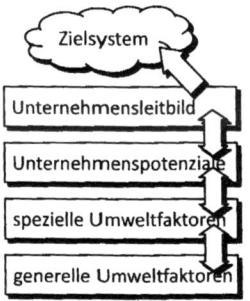

Abbildung 25: Prozess der Unternehmenszielfindung

2.8 Risikomanagement

Risikoarten
- vermeidbare Risiken → vorbeugende Maßnahmen z.B. FMEA
- Risiken mit geringer Eintrittswahrscheinlichkeit, aber kaum Einflussmöglichkeiten auf die Folgen → Maßnahmen z.B. Versicherung
- Risiken mit hoher Eintrittswahrscheinlichkeit → Maßnahmen z.B. Plan B

Aufgaben und Ziele
- Risiken identifizieren
- Risikoanalyse und Risikobewertung *(z.B. ABC-/Pareto-Analyse)*
- Maßnahmen zur Korrektur/Bewältigung *(z.B. Entscheidungsmatrix)*
- Risikoüberwachung

3   ORGANISATION

3.1   Analyse-Synthese-Konzept

Aufgabenanalyse
Dient der Ermittlung der betrieblichen Teilaufgaben.

Arbeitsanalyse
Dient der Ableitung der betrieblichen Teilaufgaben in Elementaraufgaben.

Schritte der Analyse
- Bestandsaufnahme des Ist-Zustandes anhand der künftigen Organisationsanforderungen
- Kritik am Ist-Zustand *(Aufzeigen der Mängel /Schwachstellen in der Organisation)*
- Problemanalyse *(Frage: Welche Ursachen haben die erkannten Probleme?)*
- Herausfiltern der Verbesserungsmöglichkeiten

Synthese
Die Synthese kann zur Gestaltung der Arbeitsabläufe erfolgen.

Die **personale Synthese** ist die zeitliche und mengenmäßige Arbeitsverteilung entsprechend subjektiven und objektiven Anforderungen an die Aufgabenträger.

Die **zeitliche Synthese** ist die sinnvolle Arbeitsgangfolge entsprechend organisatorischen und mengenmäßigen Gegebenheiten beim Arbeitssubjekt.

Bei **lokale Synthese** Arbeitsplätze und Arbeitsplatzgestaltung werden an optimale Durchlaufgeschwindigkeit der Produktion angepasst

Schritte des Syntheseprozesses

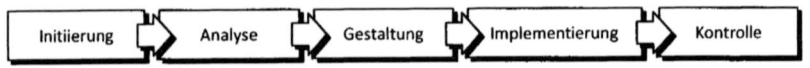

| Initiierung | Analyse | Gestaltung | Implementierung | Kontrolle |

Abbildung 26: Schritte des Transfer von Syntheseergebnissen

- Die **Initiierung** dient der Problemerkennung bei den Betroffenen.
- Die **Analyse** ist eine Diagnose der Schwachstellen und gemeinsame Definition neuer Anforderungen.
- In der **Gestaltung** werden einzelne Bausteine der Reorganisation in der Grob- und Feinplanung ausgearbeitet.
- In der **Implementierung** werden neue Organisation/Veränderungen werden im Unternehmen eingeführt.
- Die **Kontrolle** ist die Prüfung der Zielerreichung als ständiger Prozess.

3.2   Betriebsorganisation

Zielsetzung

Organisieren ist ein Hilfsmittel zum Erreichen von Zielen. Die Betriebsorganisation legt fest, wie die Faktoren Arbeitskräfte, Arbeitsmittel und Arbeitsstoffe miteinander kombiniert werden, dass das Unternehmensziel ökonomisch und effizient erreicht werden kann. Als laufender Prozess ist zu überprüfen, ob Art und Umfang der Aufbau- und Ablauforganisation geeignet sind, das festgelegte Unternehmensziel zu realisieren.

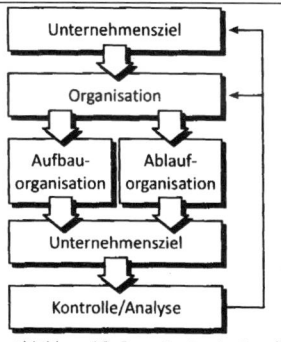

Abbildung 27: Organisation im Regelkreis

Grundsätze der Betriebsorganisation

- hat sich am Unternehmensziel zu orientieren
- muss einfach, klar, transparent, wirtschaftlich sein
- muss sicherstellen, dass keine Arbeit ohne Kontrolle bleibt
- soll dynamisch und flexibel sein, um sich kurzfristig geänderten Zielen anzupassen
- soll Kontinuität und Stabilität des Unternehmens sichern
- soll sich am Delegationsprinzip orientieren
- Arbeitsvorgänge so koordinieren, dass Reibung und Leerlauf vermieden werden

Aufgaben der betrieblichen Organisation

- **gestaltungsbezogene Aufgaben** sind mit der organisatorischen Realisierung verbunden
- **verhaltensbezogene Aufgaben** dienen der Abstimmung der betrieblichen Ziele mit den individuellen Zielen der Mitarbeiter
- **prozessbezogene Aufgaben** umfassen die Planung, Gestaltung und Kontrolle des Unternehmen und seiner Abläufe

Grundbegriffe

Organisation
Organisation ist die Festlegung von **generelle Regelungen**, die sich wiederholen und längerfristig gültig sind. Es herrscht kein Entscheidungsrecht. Bei **fallweisen Regelungen** ist dagegen die Gültigkeit begrenzt. Entscheidung sind in einem engen vorgegebenen Rahmen möglich.

Disposition
Gebundene Disposition ermöglichen Entscheidungen im vorgegebenen Rahmen. Bei der **freien Disposition** sind Entscheidungen ohne festgelegten Rahmen möglich.

Improvisation
Improvisation ist das Treffen von Entscheidungen aus dem Stand („Bauch") heraus.

3.2.1 Organisationsprozess

Die endgültige Entscheidung über Organisationsprojekte wird häufig durch Entscheidungsgremien wie z.B. der Vorstand, Projektausschuss oder Aufsichtsrat gefällt.

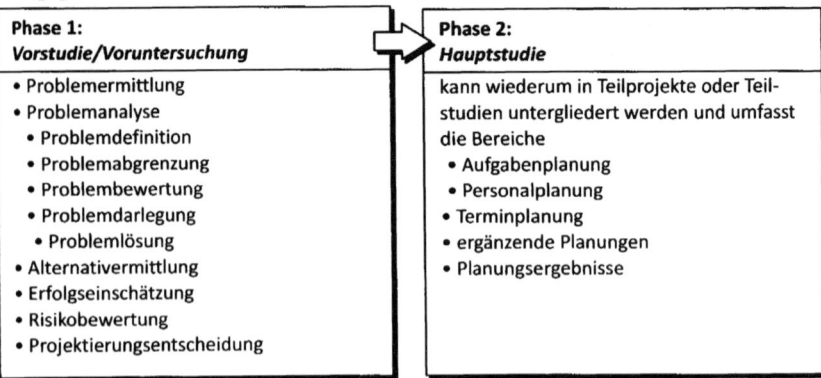

Phase 1: Vorstudie/Voruntersuchung	**Phase 2:** Hauptstudie

• Problemermittlung
• Problemanalyse
  • Problemdefinition
  • Problemabgrenzung
  • Problembewertung
  • Problemdarlegung
    • Problemlösung
• Alternativermittlung
• Erfolgseinschätzung
• Risikobewertung
• Projektierungsentscheidung
	kann wiederum in Teilprojekte oder Teilstudien untergliedert werden und umfasst die Bereiche
	  • Aufgabenplanung
	  • Personalplanung
	  • Terminplanung
	  • ergänzende Planungen
	  • Planungsergebnisse

Abbildung 28: Organisationsprozess

3.3   Aufbauorganisation

Es werden Regelungen des Betriebsaufbau für Organisationseinheiten (Stellen), Zuständigkeiten, Ebenen usw. festgelegt. Die Aufbauorganisation hat gestalterische Aufgaben bezüglich des statischen Beziehungszusammenhanges eines Betriebes und strukturelle Aufgaben hinsichtlich der Ordnung der Aufgaben, Kompetenzen und Verantwortungsinhalte.

3.3.1 Gliederung der Aufgabenanalyse

sachliche Kriterien
- Die Aufgabe wird nach der **Verrichtung** *(Funktion)* in Teilfunktionen zerlegt, die zur Erfüllung dieser Aufgabe notwendig sind.
- Die Aufgabenzerlegung orientiert sich am **Objekt**, dies können zum Beispiel Produkte, Regionen oder Personen sein.

formale Kriterien
- Es gibt zur Erfüllung der Gesamtaufgabe verschiedene Teilaufgaben, die unmittelbar dem **Betriebszweck** dienen und solche, die nur mittelbar zusammenhängen.
- man zerlegt die Aufgabe in Teilaufgaben, die sich an den **Phasen** Planung, Durchführung und Kontrolle orientieren.
- Teilaufgaben einer Hauptaufgabe können einen unterschiedlichen **Rang** haben. Sie können ausführender, entscheidender oder leitender Natur sein.

3.3.2 Organigramm

Die in einem Betrieb vorhandenen Stellen, ihre Beziehung untereinander und ihre Zusammenfassung zu Bereichen werden bildlich dargestellt.

- In der **vertikalen Darstellung** stehen gleichrangige Stellen nebeneinander.
- In der **horizontalen Darstellung** stehen gleichrangige Stellen untereinander.

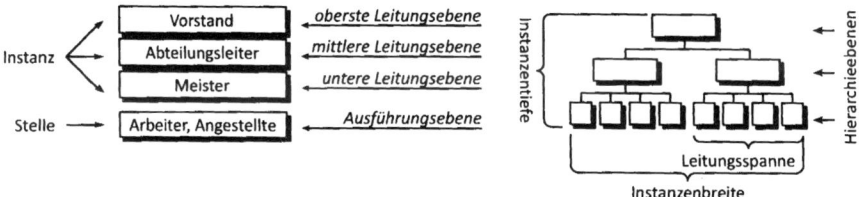

Abbildung 29: Instanzenaufbau

- **Ausführungsebene** → Stelle ohne Weisungsbefugnis
- **Leitungsebene** → Stelle mit Weisungsbefugnis an nachgeordnete Stellen
- **Instanz** → Stelle mit Weisungsbefugnis an nachgelagerte Stellen
- **Hierarchie** → Festlegung der Rangordnung innerhalb der Stellen
- **Instanzentiefe** → Anzahl der verschiedenen Rangebenen
- **Instanzenbreite** → Anzahl der Stellen pro Ebene
- **Leitungsspanne** → Anzahl der direkt unterstellten Mitarbeiter

3.3.3 Zentralisation/Dezentralisation

Zentralisation

Vorteile	Nachteile
• einheitliche Regelung • einheitliche Entscheidung • Fachwissen gebündelt • Sachmittel gebündelt • bessere Nutzung der Kapazitäten	• langsame Entscheidung • Überlastung der Zentrale • gegebenenfalls Überorganisation • wenig Freiraum vor Ort

Tabelle 11: Vor- und Nachteile der Zentralisation

Dezentralisierung

In der Praxis hat sich aufgrund der positiven Erfahrung eine zunehmende Tendenz zur Dezentralisierung herausgebildet .Das Prinzip der kleinen, schlagkräftigen Einheiten vor Ort mit hohem Entscheidungsfreiraum und selbstständiger Ergebnisverantwortung bietet bessere Möglichkeiten, schnell und flexibel auf Marktveränderungen zu reagieren.

3.4   Leitungssysteme im Unternehmen

Leitungssysteme

Leitungssysteme definieren, in welcher Form Weisungen von oben nach unten erfolgen.

Einliniensystem

Jeder Mitarbeiter hat nur einen Vorgesetzten, es führt nur eine Linie. Gleichrangige Instanzen müssen bei Sachfragen über ihre gemeinsame, übergeordnete Instanz kommunizieren.

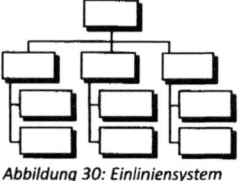

Abbildung 30: Einliniensystem

Vorteile	Nachteile
• einheitliche Auftragserteilung • klare Abgrenzung der Kompetenzen • übersichtliche Organisation	• lange, unflexible Dienstwege • Überforderung der Instanzen bei großer Leitungsspanne

Tabelle 12: Vor- und Nachteile des Einlinensystems

Stabliniensystem *(Variante des Einliniensystems)*

Bestimmten Linienstellen *(Instanzen)* werden ergänzende Stabsstellen zugeordnet. Stabsstellen sind Stellen ohne eigene fachliche und disziplinarische Weisungsbefugnis zur Unterstützung der Linienstellen. Sind oft in den Bereichen Recht, Patentwesen, Unternehmensbeteiligungen, Unternehmensentwicklung und Personalfragen zu finden.

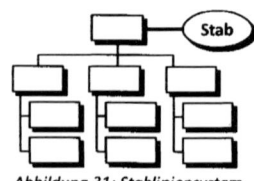

Abbildung 31: Stabliniensystem

Vorteile	Nachteile
• Vorteile des Einliniensystems • fundierte Entscheidungsvorlagen aufgrund spezialisierter Stäbe • Grundsatzfragen und Tagesgeschäft werden getrennt	• Kosten der Stabsstellen • Bevormundung der Linienstellen • Machtpositionen aufgrund des hohen Expertenwissens

Tabelle 13: Vor- und Nachteile des Stabliniensystems

Mehrliniensystem

Ein Mitarbeiter hat mehrere Fachvorgesetzte, von denen er fachliche Weisungen erhält, die Disziplinarfunktion ist nur einem Vorgesetzten vorbehalten. Der Rollenkonflikt beim Mitarbeiter ist vorprogrammiert, da jeder Fachvorgesetzte ein Verhalten des Mitarbeiters in seinem Sinne erwartet.

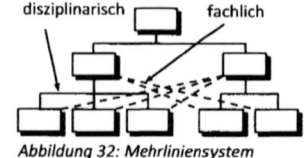

Abbildung 32: Mehrliniensystem

Vorteile	Nachteile
• kurze Informationswege • Synergieeffekte möglich • Abstimmung über personelle Kapazitäten möglich	• keine einheitliche Auftragserteilung möglich • Weisungen von mehreren Vorgesetzten • Rollenkonflikte beim Mitarbeiter möglich • Kompetenzkonflikte • gegebenenfalls mangelnde Koordinierung

Tabelle 14: Vor- und Nachteile des Mehrliniensystems

Spartenorganisation *(Divisionalisierung)*

Das Unternehmen wird nach Produktbereichen *(Sparten)* gegliedert, die wiederum als eigenständige Unternehmenseinheit geführt werden. Abteilungen, die für alle Sparten zusammenarbeiten, werden als **Zentraleinheit** ausgegliedert *(z.B. Personalabteilung)*.

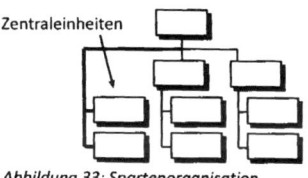

Zentraleinheiten

Abbildung 33: Spartenorganisation

* Das **Profitcenter-Konzept** orientiert an der Größe Gewinn.
* Das **Costcenter-Konzept** orientiert an der Größe Umsatz bei vorgegebener Kostenhöhe

Vorteile	Nachteile
• Marktnähe, Arbeit vor Ort • klare Ergebnis-/Umsatzverantwortung • Förderung des unternehmerischen Denkens • Abbau des Funktionsdenkens	• Spartenkonkurrenz • mangelnde Abstimmung zwischen Unternehmens-/Spartenzielen • mangelnder Wille zur Synergie zwischen den Sparten • Doppelarbeit bei Funktionsarbeiten

Tabelle 15: Vor- und Nachteile der Spartenorganisation

Projektorganisation *(Variante der Spartenorganisation)*

Das Unternehmen oder Teilbereiche davon sind nach Projekten gegliedert. Die Projektorganisation ist häufig im Großanlagenbau anzutreffen und **ist von der „Organisation von Projektmanagement" abzugrenzen!**

Produktorganisation *(Variante der Spartenorganisation)*

Das Unternehmen ist nach Produkten gegliedert. Diese Form ist häufig in der Automobilindustrie anzutreffen.

Matrixorganisation

Stellt eine Weiterentwicklung der Spartenorganisation dar, bei der Unternehmen in Objekte und Funktionen gegliedert wird. Kennzeichnend ist, dass für Spartenleiter und Funktionsbereichsleiter bei Entscheidungen Einigungszwang besteht, da beide gleichberechtigt sind

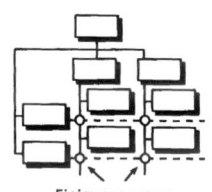

Einigungszwang

Abbildung 34: Matrixorganisation

Vorteile	Nachteile
• Vermeidung von Sparten- oder Funktionsegoismus wegen Zwang zur Einigung • Projektmanager setzen einheitliche Maßstäbe bei den Funktionsmanagern	• schwerfällige Entscheidungsprozesse • häufige Konfliktbeseitigung durch übergeordnete Instanz notwendig

Tabelle 16: Vor- und Nachteile der Matrixorganisation

3.5   Ablauforganisation (Prozessorganisation)

Es werden Regelungen für den Betriebsablauf wie den Ablauf nach den Kriterien Ort, Zeit oder Funktion zwischen Organisationseinheiten, Bereichen usw. festgelegt.

Aufgaben

Die Ablauforganisation regelt Abläufe zwischen den Organisationseinheiten nach den Kriterien Ort, Zeit, Funktion, Kosten und Ergonomie.

Ziele

* Bearbeitungszeiten minimieren
* Bearbeitungs- und Durchlaufkosten minimieren
* Kapazitäten optimal nutzen
* Arbeitsplätze human gestalten

3.5.1 Arbeitsanalyse und Arbeitssynthese

Bei der **Arbeitsanalyse** wird die Einzelaufgabe der niedrigsten Ordnung untersucht, d.h. ein Arbeitsgang wird in Gangstufen und Gangelemente zerlegt. Bei dieser Analyse lassen sich die einzelnen Verrichtungen, die beteiligten Stellen sowie der Fluss des Bearbeitungsgegenstandes erkennen und sachlogisch strukturieren.

Im Rahmen der **Arbeitssynthese** werden die gewonnenen Gangstufen und Gangelemente so miteinander kombiniert, dass sie zeitlich, räumlich, kostenmäßig, funktionell und ergonomisch sinnvoll sind.

3.5.2 Arbeitsabläufe

Für den Organisator ist es wichtig festzustellen, welche Stellen wie oft bei der Erfüllung einer Aufgabe angesprochen werden, welche Zeiten erforderlich sind und wie der Arbeitsablauf sinnvoll gestaltet werden kann.

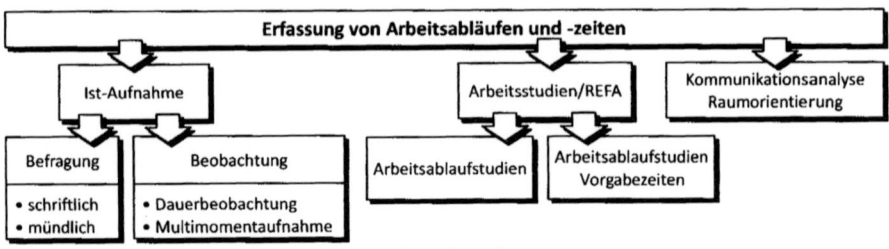

Abbildung 35: verschiedene Verfahren zur Erfassung des Ist-Zustandes

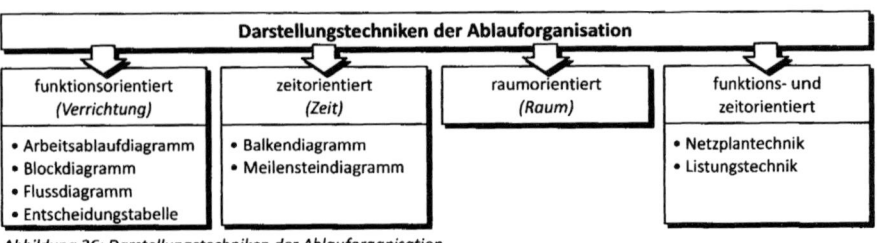

Abbildung 36: Darstellungstechniken der Ablauforganisation

Flussdiagramme

Verrichtungsorientierte Abläufe werden häufig durch Flussdiagramme dargestellt.

Start/Ende

Tätigkeit

prüfende Tätigkeit   Verzweigung   nein

ja

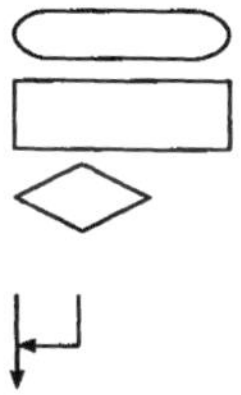

Zusammenführung

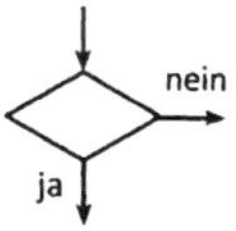

Tabelle 17: Symbole Für Flussdiagramm nach DIN 66006

wesentliche Merkpunkte

* Vorgangbeginn bzw. Ende werden mit einer Start/Ende-Ellipse gekennzeichnet
* Ja-Verzweigungen werden senkrecht eingezeichnet
* Nein-Verzweigungen werden waagerecht eingezeichnet
* Vorgangsstufen werden mit Richtungspfeilen verknüpft
* bei Vorgangsstufen wird zwischen Tätigkeit *(Rechteck)* und prüfender Tätigkeit *(Entscheidungsraute)* unterschieden

Arbeitsablaufdiagramm

Das Arbeitsablaufdiagramm zeigt die funktionalen *(verrichtungsorientierten)* Abhängigkeiten bei Arbeitsabläufen. Aufgrund der Kombination aus Tabelle und Grafik können nur lineare Abläufe veranschaulicht werden.

Blockdiagramm

Das Blockdiagramm ist eine Variante des Arbeitsablaufdiagramms, bei der meist in mehreren Spalten die ausführenden Stellen gezeigt werden. Die Kombinationen Objekt/Verrichtung werden als Blöcke dargestellt und durch Flusslinien verbunden und zeigen so den Arbeitsablauf.

Netzplantechnik

Die Netzplantechnik wird bei allen größeren Projekten angewendet. Die ist den anderen Darstellungstechniken immer dann vorzuziehen, wenn komplexe Aufgaben, vernetzte Abläufe, viele Terminvorgänge und häufige Änderungsnotwendigkeiten vorliegen.

Ablauf für die Bearbeitung eines Netzplanes

* Erstellen des Projektstrukturplans
* Erstellen der Vorgangsliste
* Erstellen der Graphenstruktur *(ohne Zeiten)*
* Bearbeiten der Zeiten
  * Vorwärtsrechnung
  * Rückwärtsrechnung
  * Pufferzeiten
  * kritischer Pfad/Weg

Vorgangsnummer		
Vorgangsbezeichnung		
früheste Anfangszeit FAZ	Dauer	früheste Endzeit FEZ
späteste Anfangszeit SAZ	Puffer	späteste Endzeit SEZ

Abbildung 37: Aufbau eines Vorgangsknotens

Aufbau eines Netzplans

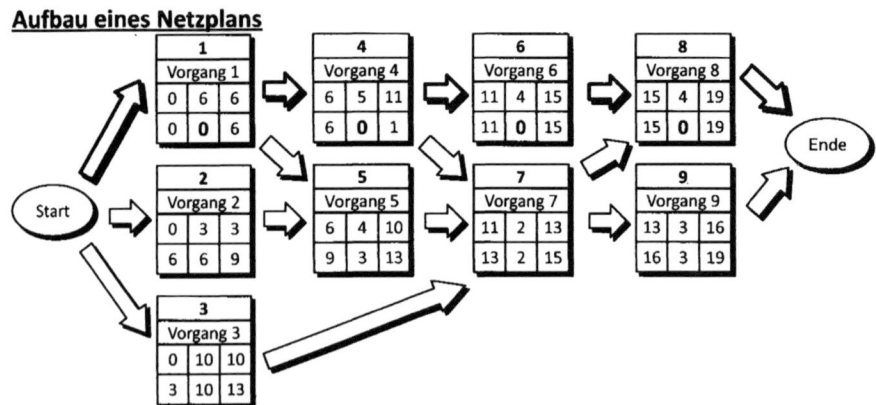

Abbildung 38: Aufbau eines Netzplanes

kritischer Pfad

Ergeben sich keine zeitlichen Puffer aus den frühesten Anfangs- und Endterminen, so liegen diese Vorgänge entlang des kritischen Pfades *(in der Abbildung als dicker umrandete Pfeile dargestellt)*. Zeitüberschreitungen in diesen Vorgängen haben eine Zeitüberschreitung des Gesamtablaufs zur Folge.

3.5.2.1 Darstellungstechniken der Ablauforganisation

Organisationsmethoden

- **Organisationsverfahren** sind gedanklich-logische Werkzeuge der Organisation
- **Organisationsmethoden** sind generelle oder spezielle Instrumente der Aufbau-, Ablauf- und Projektorganisation
- **Organisationstechniken** sind spezielle Hilfsmittel für die Problemlösung

Phasen der Organisation

Die Phasen der Organisation basieren auf den Phasen im Managementprozess. Legt man diesen Systemansatz zugrunde, wird Organisation als zielorientierte Gestaltung von Systemen begriffen.

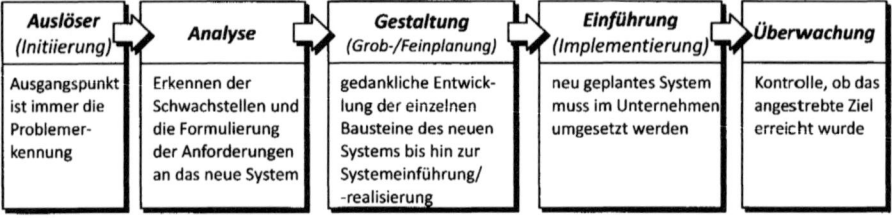

Abbildung 39: Phasen der Organisation

klassisches 4-Phasen-Modell

Das klassische Phasen-Modell nennt nicht explizit die Phase der Initiierung. Dafür ist es einfach und einprägsam.

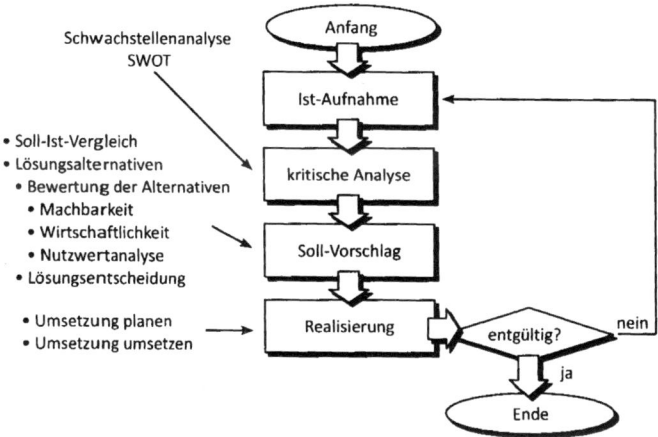

Abbildung 40: klassisches 4-Phasen-Modell

4-Phasen-Modell nach Remer

Heutzutage sind Problembestimmungs- und Analysemethoden sowie das Vorgehen zur Auswahl unter den Lösungsalternativen ausreichend vorhanden. Die Probleme liegen vielmehr in der Ebene der Realisierung.

Das Ziel des Organisierens ist nicht das Durchsetzen eines Solls, sondern das Berücksichtigen der Prozessqualität des Miteinanders von Konzipierungs- und Realisierungserfordernissen

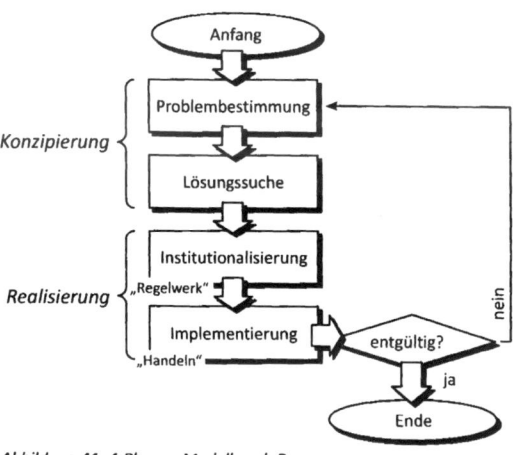

Abbildung 41: 4-Phasen-Modell nach Remer

Konzipierung
Enthält, wie auch in der Analyse-Phase, die Problembestimmung und die Lösungssuche.

mehrstufige Realisierung
Neben dem Schaffen des Regelwerks *(Institutionalisierung)* als erste Aufgabe der Umsetzung ist die Hinwendung zu den Fragen des Handelns *(Implementierung)* die zweite Aufgabe des Organisators.

Ablauf der Prozessorganisation

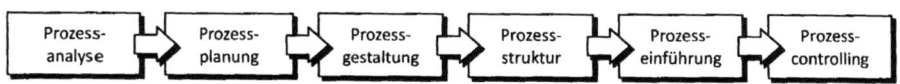

Abbildung 42: Ablauf der Prozessorganisation

3.5.3 Maßnahmen für Neu-/Reorganisation

wertschöpfende Konzepte

Die betriebliche Wertschöpfungskette wird untersucht und aufgrund der „Make-or-Buy-Frage" das Problem

- **Outsourcing** um Kräfte und Ressourcen auf das Kerngeschäft zu konzentrieren und zur Kostenreduktion
- **Insourcing** um die Qualität der Produkte oder Kernkompetenzen zu bewahren

analysiert und zu einer Entscheidung geführt.

Lean-Konzepte

Lean-Konzepte stehen für schlanke und effiziente Organisation zur Verbesserung von Produktivität, Rentabilität und Effizienz. Schlanke Produktion bedeutet Konzentration auf den Wertschöpfungsprozess in der Produktion *(wofür der Kunde bereit ist zu bezahlen)* und Eliminierung von Verschwendungen *(wofür der Kunde nicht bereit ist zu bezahlen)*. Lean-Management zielt nicht nur auf die Umgestaltung der Produktion, sondern auch auf die Neustrukturierung des gesamten Unternehmens.

Teilziele

- Steigerung der Produktivität durch Selbstregulierung vor Ort
- Steigerung der Flexibilität durch Gruppenarbeit
- Senkung der Kosten durch effizientere Arbeitsorganisation
- Senkung der Personalkosten durch weniger Fertigungspersonal, Stäbe und Vorgesetzte
- leistungswirksame Motivation durch angereicherte Arbeit
- Befriedigung psychosozialer und basisdemokratischer Bedürfnisse
- permanente Verbesserung der Prozesse und Zustände *(KVP)*
- internes Kundenprinzip

Team-Konzepte

Die Entscheidungsbefugnisse werden auf ein Team übertragen, das weitgehend autonom einen bestimmten Aufgabenbereich erledigt.

Ansätze des Konzepts

- Teamarbeit
- teilautonome Arbeitsgruppen
- Qualitätszirkel

Unter **Kaizen** *(japanisch für: vom Gutem zum Besseren)* versteht man einen kontinuierlichen Verbesserungsprozess der Produkte und Dienstleistungen in allen Unternehmensbereichen mit dem Ziel der Kosteneinsparung.

In **Qualitätszirkel**, als wichtiger Teil der Kaizen-Philosophie, bearbeiten Mitarbeiter ohne direkte Vorgesetzte betriebliche Problemstellungen und suchen nach Verbesserungs- oder Optimierungspotenzial.

kooperative Konzepte

Kooperative Konzepte sind die Bildung von Kooperationen zwischen rechtlich selbstständigen Unternehmen, um

- gemeinsam neue Märkte zu erschließen
- Kostenreduktion zu erreichen
- Entwicklungskosten zu teilen
- auf veränderte Produktlebenszyklen und Trends besser reagieren zu können

Die „Klassiker" sind strategische **Allianzen** (Nutzung externer Synergien) und sogenante Joint Ventures (Gründung ausländischer Unternehmen durch partnerschaftliehe Beteiligungen). In der neueren Zeit werden zunehmend Organisationsmodelle angewandt, die den Unternehmen eine höhere Flexibilität gewährleisten.

lernende Organisation

Eine Organisation, die sich darauf versteht, eine Grundlage zu schaffen, auf der Maßnahmen zur Veränderung schnell durchgeführt werden können

- Beim **Anpassungslernen** *(Single-Loop-Learning)* werden nur die Tätigkeiten und Verhalten an die Umgebung angepasst.
- Beim **Veränderungslernen** *(Double-Loop-Learning)* werden nicht nur die Tätigkeiten und Verhalten sondern auch die Ziele und Grundsätze des Unternehmens verändert.
- Das **Prozesslernen** *(Deutero-Learning)* umfasst die laufende Überprüfung aller Veränderungsprozesse im Hinblick auf die Objekte der Veränderung, die angewandten Methoden und der Resultate.

4   INTEGRIERTE MANAGEMENTSYSTEME

Managementsysteme beschreiben die Aufgaben des Management und verknüpfen Methoden, um die Management-Aufgaben Ziele setzen, steuern und kontrollieren erfolgreich zu bewältigen.

Solche Managementsysteme können das Qualitäts-, Umwelt-, Sicherheits-, Gesundheits- und Arbeitsschutzmanagement sowie unter anderem das Risiko-, Finanz-, Energie-, Kunden-, Personal-, oder das Wissensmanagement sein.

Das **integrierte Managementsystem** *(IMS)* verbindet die ursprünglich getrennten Systeme zu einem Managementsystem, das alle Aspekte und Aufgaben des Managements ganzheitlich umfasst. So lassen sich beispielsweise Qualitätsmanagement, Umweltmanagement, Arbeitssicherheit als einzelne Sichtweisen auf das Große Ganze verstehen und umsetzen.

Entscheidend für der Umsetzung ist die integrative ganzheitliche Haltung und Praxis der obersten Leitung und die Abbildung in der mittleren Führungsebene.

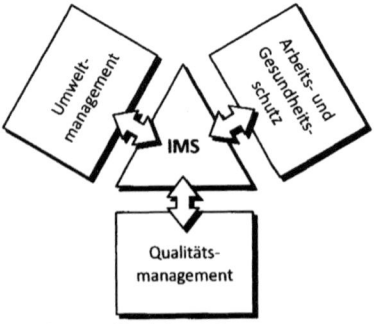

Abbildung 43: klassisches IMS

4.1   Qualitätsmanagement

Die Qualitätssicherung zählt zu den zentralen Führungsaufgaben, denn ein umfassendes Qualitätsmanagement senkt die Qualitätskosten und erhöht Qualität. Ein wichtiger Grundsatz lautet: Qualität muss sich am Kunden und an externen Vorgaben orientieren.

Aufgaben des Qualitätsmanagement

Es muss alle Voraussetzungen schaffen, erhalten und kontrollieren, die dafür sorgen, dass Produkte, Dienstleistungen und Tätigkeiten den internen und externen Anforderungen entsprechen.

Qualitätsgespräche

Ein Instrument, um Mitarbeiter und ihr Engagement für Qualitätsverbesserung einzusetzen. Im Dialog zwischen Vorgesetzten und Mitarbeitern sollen Schwachpunkte der Produktion aufgedeckt und im Rahmen einer Analyse Vorschläge zur Qualitätsverbesserung erarbeitet werden.

Qualitätszirkel

Mitarbeiter bearbeiten freiwillig ohne direkte Vorgesetzte betriebliche Problemstellungen und suchen nach Verbesserungs- oder Optimierungspotenzial. Die Führungskräfte unterstützen dabei lediglich die Gruppenaktivitäten.

4.2 Gesetze und Verordnungen

4.2.1 Qualität

Das **Produkthaftungsgesetz** regelt die Haftung des Herstellers für Körper-, Gesundheits- und Sachschäden, die durch Fehler an einem Produkt verursacht worden sind.

Das **Geräte- und Produktsicherheitsgesetz** regelt das Inverkehrbringen und Ausstellen von Produkten von selbstständigen Wirtschaftsunternehmen.

Die **Gewerbeordnung** verlangt zum Zwecke des Verbraucherschutzes für Berufe und Gewerbe fachliche Voraussetzungen, bevor eine Gewerbezulassung erfolgt.

Die Normenreihe **DIN EN ISO 9000** ff enthält wichtige Grundlagen für das Qualitätsmanagementsystem. In ihr werden allgemeingültige Begriffe definiert, Anforderung an Qualitätssicherung beschrieben und Regeln für den Qualitätsbegriff aufgestellt.

Die **European Foundation for Quality Management** *(EFQM)* hat 1988 das Modell eines Qualitätsmanagementsystems vorgestellt. Die Grundprinzipien zielen darauf hin, dass Führung eines Unternehmens sich mit den drei Bereichen Mitarbeiter, Politik und Strategie sowie Ressourcen und Partner beschäftigt.

acht grundlegende Prinzipien
* ausgewogene Ergebnisse erzielen
* Kundennutzen mehren
* mit Vision, Inspiration und Integrität führen
* mit Teilprozessen lenken
* durch Menschen erfolgreich sein
* Innovation und Kreativität fördern
* Partnerschaften aufbauen
* Verantwortung für eine nachhaltige Zukunft übernehmen

4.2.2 Umweltschutz

Das **Umweltrecht** gliedert sich in die Richtlinien und Verordnungen der EU, Gesetze von Bund und Ländern, Rechtsverordnungen und Verwaltungsvorschriften.

Basis für den **Umweltschutz** sind im Wesentlichen die Vorgaben der ISO 14001 und EMAS wie das Umweltinformationsgesetz, Rechtsnormen zur Luftreinhaltung, Gewässerschutz und Abfallwirtschaft sowie die Öko-Auditverordnung.

Verstöße gegen den Umweltschutz werden mit dem Umweltordnungswidrigkeitenrecht, dem Umwelthaftungsrecht und dem Umweltstrafrecht geahndet.

4.2.3 Arbeitssicherheit

Das **Arbeitssicherheitsgesetz** enthält Regelungen für Betriebsärzte, Sicherheitsingenieure und andere Fachkräfte für Arbeitssicherheit zur Unterstützung von Arbeitnehmern und Arbeitgebern.

Die **Arbeitsstättenverordnung** regelt die Belüftung, Beheizung und Beleuchtung.

Das **Arbeitszeitgesetz** dient der Sicherheit und Gesundheitsschutz für Arbeitnehmer und damit Rahmenbedingungen für die Gestaltung flexibler Arbeitszeitmodelle.

In der **Gewerbeordnung** stehen Regelungen über Zulassung, Umfang und Ausübung des Gewerbes.

Das **Sozialgesetzbuch** *(SGB VII)* sowie die **Unfallverhütungsvorschriften der Berufsgenossenschaften** enthalten weitere Regelungen zur Arbeitssicherheit.

4.3   Qualitätsmanagementmethoden

Qualitätsmanagement bezeichnet die Summe aller Aktivitäten zur Verbesserung von Produkten, Prozessen und Leistungen und umfasst zur kontinuierlichen Verbesserung der Qualität die Prozesse Qualitätsplanung, -lenkung, -sicherung und -verbesserung. Das Qualitätsmanagement befasst sich damit, das Erwartungen der Unternehmensleitung, Mitarbeiter und Kunden an Produkten , Prozessen und Leistungen erfüllt werden.

Elemente zur Grundlage des Unternehmenserfolgs

- kundenbezogene Anforderungen müssen in Erfahrung gebracht und in technische Zielwerte übertragen werden
- es kommt auf die Qualität der Arbeit jedes Einzelnen an
- Kunde ist auch der direkt Nachfolgende einer Bearbeitungskette
- jeder Kunde hat Anrecht auf klare organisatorische Regelungen, sichere Prozesse und schlanke Abläufe
- Führungsaufgabe, die vom Topmanagement wahrgenommen werden muss
- Total-Quality-Management *(TQM)* besagt, dass das Qualitätsmanagement alle Unternehmensbereiche erfassen und umfassen muss

4.3.1 FMEA (Failure Mode and Effect Analysis)

Ziele einer FMEA

- Fehler frühzeitig erkennen und analysieren, aufdecken von Fehlerursachen
- ermitteln der Wahrscheinlichkeit des Auftretens von Fehlern
- festlegen von Maßnahmen, die das Auftreten von Fehlern verhindern oder verringern

Vorteile einer FMEA

- systematische und beschriebene Vorgehensweise
- einfache Handhabung durch vorgefertigte Formblätter
- beliebig große Umfänge können bearbeitet werden
- kann bereits in der Entwurfsphase angewandt werden
- kann Lücken und Mängel im Pflichtenheft aufdecken
- Verbesserungen fließen frühzeitig mit ein
- fördert gründliche Arbeitsweise
- sollte alle möglichen Fehlerursachen aufweisen
- gewährleistet eine kostenoptimale Schwachstellenerkennung

Voraussetzungen zum erfolgreichen Einsatz
* uneingeschränkte Unterstützung der Geschäfts- bzw. Werkleitung
* Einbeziehung von Fachleuten aus unterschiedlichen Abteilungen in FMEA-Teams

4.3.1.1   System-FMEA

Die System-FMEA betrachtet ein übergeordnetes Produkt oder System. Die Grundlagen sind Produktkonzepte und sie wird nach der der Fertigstellung des Produktes angewandt.

4.3.1.2   Konstruktions-FMEA

Die Konstruktions-FMEA oder Entwicklungs-FMEA wird innerhalb des Entwicklungsprozesses angewendet. Die Aufgabe ist es, das Produkt auf Erfüllung der im Pflichtenheft festgelegten Funktionen hin zu untersuchen. Für alle risikobehafteten Bauteile des Produkts sind geeignete Maßnahmen zur Vermeidung oder Entdeckung der potenziellen Fehler zu planen.

4.3.1.3   Prozess-FMEA

Die Prozess-FMEA oder Fertigungs-FMEA wird noch vor der eigentlichen Herstellung des Produkts, also innerhalb des Produktionsplanungsprozesses angewendet und baut logisch auf den Ergebnissen der Konstruktions-FMEA auf. Fehler der Konstruktions-FMEA, deren Ursache im Herstellungsprozess liegt, werden als Fehler in die Prozess-FMEA übernommen.

4.3.1.4   Durchführung einer FMEA

1. Schritt: *Planung und Vorbereitung*
Voraussetzung für eine erfolgreiche FMEA-Anwendung sind die organisatorische Planung und die Vorbereitung, zu der die Auswahl des Objekts und der Aufgabenstellung sowie der Benennung eines Koordinators gehören.

2. Schritt: *Risikoanalyse*
Im Kopf werden die Stammdaten eingetragen sowie die Merkmale bzw. Systeme oder Fehler beschrieben. Zu jedem Merkmal werden mögliche oder potenzielle Fehler gesammelt, eingetragen, deren mögliche Folgen und mögliche Ursachen analysiert. Die Ursachen sind möglichst kurz und genau zu beschreiben, sodass gezielt Abstellmaßnahmen getroffen werden können. Es werden Kontrollmaßnahmen festgelegt, die zur Entdeckung potenzieller Fehler beitragen und deren Auswirkungen verringern.

3. Schritt: *Risikobewertung*
Alle potenziellen Fehler werden in Bezug auf Wahrscheinlichkeit des Auftretens (A), Bedeutung des Fehlers auf Kunden [B) und Wahrscheinlichkeit der Entdeckung (E) bewertet. Jedes Ergebnis wird geschätzt und mit Werten von 1 bis 10 bewertet. Aus den drei Werten *(A · B · E)* wird die **RPZ** *(Risikoprioritätszahl)* bestimmt. Sie kann Werte zwischen 1 *(kein Risiko)* und 1.000 *(höchstes Risiko)* annehmen und ist ein Maß, mit welcher Priorität Abstellmaßnahmen für verschiedenen Fehlermöglichkeiten zu erarbeiten sind.

4. Schritt: _Risikominimierung_

Mithilfe elementaren Qualitätstechniken werden Abstellmaßnahmen empfohlen und deren Verantwortlichkeiten festgelegt. Die getroffene Maßnahmen zur Verringerung der RPZ werden ausgewählt, dabei sind fehlervermeidende Maßnahmen sind den fehlerentdeckenden vorzuziehen. Für die einzelnen Verbesserungsmaßnahmen wird eine erneute Beurteilung des Fehlerauftretens vorgenommen und eine neue RPZ errechnet. Durch die Differenz zwischen der früheren und der neuen RPZ kann der Erfolg der eingeführten Maßnahmen quantifiziert werden.

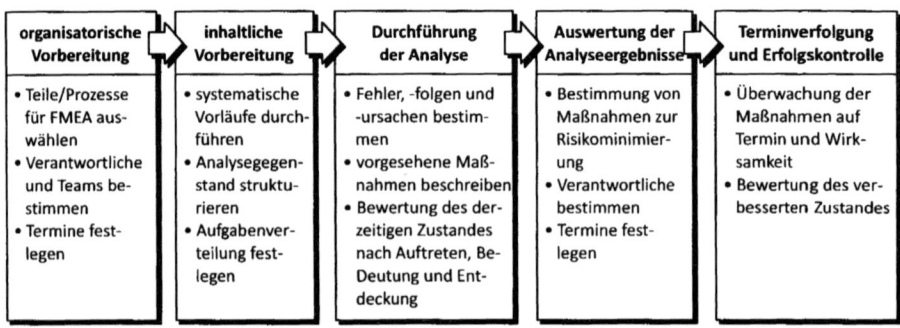

organisatorische Vorbereitung	inhaltliche Vorbereitung	Durchführung der Analyse	Auswertung der Analyseergebnisse	Terminverfolgung und Erfolgskontrolle
• Teile/Prozesse für FMEA auswählen • Verantwortliche und Teams bestimmen • Termine festlegen	• systematische Vorläufe durchführen • Analysegegenstand strukturieren • Aufgabenverteilung festlegen	• Fehler, -folgen und -ursachen bestimmen • vorgesehene Maßnahmen beschreiben • Bewertung des derzeitigen Zustandes nach Auftreten, Bedeutung und Entdeckung	• Bestimmung von Maßnahmen zur Risikominimierung • Verantwortliche bestimmen • Termine festlegen	• Überwachung der Maßnahmen auf Termin und Wirksamkeit • Bewertung des verbesserten Zustandes

Abbildung 44: Vorgehensweise zur Erstellung einer FMEA

4.4   Entwerfen eines IMS

mögliche Themenfelder integrierter Managementsysteme können z.B. sein
• Qualitätsmanagement ⤳ TQ ⊓ , EFO ⊓
• Umweltmanagement ⤳ ISO 14001
• Arbeits- und Gesundheitsschutzmanagement
• Sicherheitsmanagement
• Produktverantwortung
• Nachhaltigkeit
• Hygienemanagement
• Risikomanagement
• Facility-Management

4.4.1 Anforderungen an die Mitarbeiter

Von den Mitarbeitern werden zur Bewältigung und Integration in diese Managementsysteme verschiedene Schlüsselqualifikationen verlangt. Sie sind sind heute neben den berufsfachlichen Qualifikationen wesentlicher Bestandteil des Anforderungsprofils für Mitarbeiter:

• Durchsetzungsfähigkeit und Entscheidungsstärke
• Einsatzbereitschaft und Initiative
• Führungsfähigkeit
• Kommunikationsfähigkeit und Kooperationsbereitschaft sowie Teamfähigkeit
• Problemlösungsfähigkeit
• Verantwortungsbereitschaft

4.4.2 Anforderungen an das IMS

Vorteile und Zweck der integrierten Managementsysteme

- transparente Strukturen und Abläufe eröffnen Verbesserungspotenzial und erhöhen Motivation der Mitarbeiter
- nachweisbare Strukturen und Abläufe erleichtern Abwehr unberechtigter gesetzlicher und privatrechtlicher Haftungsansprüche
- Integration hilft, Doppelarbeit und Überschneidungen zu vermeiden sowie Synergien zu nutzen
- offene Managementsysteme sind erweiterbar und flexibel
- Unternehmensprozesse werden aus verschiedenen Blickwinkeln betrachtet und optimiert
- Verwaltungsaufwand für Managementsystem wird begrenzt

Inhalte

1. Erfassen der Unternehmensprozesse

Ein **Prozess** ist ein Satz von in Wechselbeziehungen oder Wechselwirkung stehenden Tätigkeiten, der Eingaben in Ergebnisse umwandelt. **Kern-, Leistungs-** oder **Wertschöpfungsprozesse** sind unmittelbar mit der Herstellung des Produkts verbunden, während **Unterstützungsprozesse** benötigten Ressourcen für die Kernprozesse zur Verfügung stellen. **Führungsprozesse** bestimmen die Ausrichtung des Unternehmens und der Prozesse.

2. Darstellen der Abfolge und Wechselwirkungen

Die ermittelten Prozesse werden in einem Prozessmodell dargestellt, das die Grundlage aller weiteren Arbeiten bildet. Es ist wichtig, dass es von Unternehmensführung und Mitarbeitern tatsächlich verstanden und akzeptiert wird

3. Steuerung der Prozesse

Die einzelnen Prozesse müssen daran gemessen werden, inwieweit die mit ihnen verbundenen Ziele erreicht werden. Es hat sich bewährt, zu jedem Prozess eine Prozessbeschreibung anzufertigen, die folgende Punkte enthalten sollte:

- Prozessbezeichnung
- Zweck und Nutzen des Prozesses
- Inputs und Outputs
- wesentliche Anforderungen an den Prozess
- Prozessverantwortlicher
- Ressourcen
- Abläufe
- Überwachung
- Vorgaben
- Hinweise auf Verbesserungsmöglichkeiten der Prozesse

4. Verbesserung der Prozesse

Die Verbesserung der besteht aus den zwei Komponenten, der täglichen Abstellung von Schwachstellen und Umsetzung erkannter Verbesserungsmöglichkeiten im Zuge der kontinuierlichen Verbesserung sowie die gezielte, systematische Verbesserung von solchen Prozessen, die besonders zum Erreichen der Unternehmensziele beitragen.

4.4.3 Struktur eines IMS

Die Zusammenführung verschiedener Managementsysteme bringt nicht nur Vorteile, sie kann auch zu Verwirrung und Intransparenz führen. Daher ist eine exakte Vorfeld-planung und genaue Strukturierung der Managementsysteme nötig.

Geltungsbereich
Es muss festgelegt werden, für welche Abteilung, Unternehmen oder -teil das inte-grierte Managementsystem aufgebaut werden und Wirkung zeigen soll.

Begriffe
Voraussetzung für die Akzeptanz und Mitwirkung der Beteiligten ist das Verstehen der Prozesse und Kenntnis der verwendeten Begrifflichkeiten.

Zuständigkeiten
Eine klare Hierarchie mit eindeutigen Zuständigkeiten erleichtert die Kooperation zwischen Ebenen und Strukturen des Unternehmens.

Beschreibungen
Der Weg, Maßnahmen und Ziel des integrierten Managementsystems müssen klar und unmissverständlich beschrieben werden.

Mitbestimmung
Bei allen sozialen und personellen Belangen hat der Betriebs- oder Personalrat abge-stufte Mitbestimmungs- oder Mitwirkungsrechte.

4.5   Beurteilen und Weiterentwickeln

Kriterien, um vorhandene integrierte Managementsysteme zu prüfen
* Zweck- und Zielorientiertheit des Systems
* Struktur integrierter Managementsysteme
* Werden die Anforderungen der Kunden berücksichtigt?
* Kongruenz von Aufgabe, Kompetenz und Verantwortung
* Angemessenheit der Dokumentation

betriebliches Vorschlagswesen

Bietet die Möglichkeit, um auch in integrierten Managementsystemen Verbesse-rungspotenziale aufzudecken und wurde entwickelt , um ökonomische Verbesserun-gen an Fertigungsprozessen, Produkten und Vorgängen zu erwirken. Die Verbesse-rungsvorschläge werden nach ihrer Wirtschaftlichkeit bewertet und eine entspre-chende Prämie bezahlt.

Hauptziele
* Erleichterung der Arbeit
* Abschaffung von Schwerarbeit oder Missständen
* Erhöhung der Arbeitssicherheit und der Produktivität
* Verbesserung der Produktqualität
* Einsparung von Zeit und Kosten

Hauptthemen
- Verbesserung der eigenen Arbeit
- Einsparung von Ressourcen
- Verbesserung des Arbeitsumfeldes,
- Verbesserung von Maschinen, Werkzeugen Geräten und Prozessen
- Verbesserung der Produktqualität,
- Ideen für neue Produkte,
- Verbesserung von Kundendienst und Kundenbeziehungen

4.6   Total Quality Management

Total Quality Management *(TQM)* bezeichnet eine durchgängige, fortwährende und alle Bereiche einer Organisation erfassende, aufzeichnende, organisierende und kontrollierende Tätigkeit und dient dazu, Qualität als Systemziel einzuführen und dauerhaft zu garantieren und das über die Forderungen der DIN EN ISO 9001 hinaus.

TQM enthält keine revolutionären oder neuen Elemente, es handelt sich vielmehr um die systematische und konsequente Anwendung einiger Methoden innerhalb einer klar auf Qualität und Kundenzufriedenheit ausgerichteten Unternehmenskultur.

TQM ist daher eine integrierte, das gesamte Unternehmen mit allen Aktivitäten und Mitarbeitern sowie Unternehmensumwelt einbeziehende Führungsstrategie, mit der aus Kundenanforderungen abgeleitete Qualitätsziele vorgegeben und erfüllt werden.

Zielkriterien
- Kundenzufriedenheit
- Mitarbeiterzufriedenheit
- Nutzen für die Gesellschaft
- Qualität
- Zeit und Kosten

4.6.1 Die Elemente von TQM

Das Total Quality Management baut auf vier großen Elemente auf:

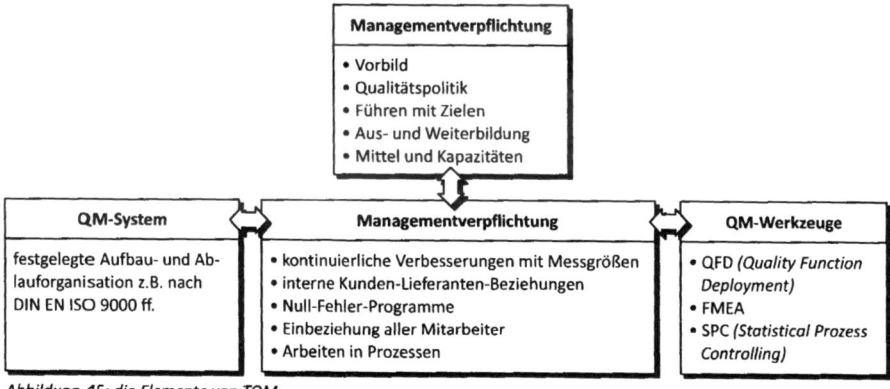

Abbildung 45: die Elemente von TQM

interne Kunden-Lieferanten-Beziehungen

Die interne Kunden-Lieferanten-Beziehungen sollen derder betriebsinternen Verbesserung von Leistungen und Abläufen dienen. Sie werden wie folgend organisiert:

- jede Tätigkeit ist ein Prozess, der ein tangibles oder intangibles Ergebnis hat
- der Empfänger dieses Produktes ist der Kunde
- zu jeder Tätigkeit sind Zulieferungen erforderlich, die von einem Lieferanten kommen
- zwischen Kunden und Lieferanten besteht ein Informationsaustausch über die Anforderungen und Ergebnisse
- die Tätigkeit wird zusätzlich durch Anweisungen und das Umfeld beeinflusst
- die meisten Kunden-Lieferanten-Beziehungen verlaufen in beide Richtungen

Null-Fehler-Programme

Durch geeignete Verhaltensweisen und den Einsatz von bestimmten Verfahren wird eine stetige Reduzierung von Fehlern bewirkt, wobei Null-Fehler eigentlich als immer weniger Fehler zu verstehen ist.

Komponenten
- Voraussetzungen für fehlerfreie Arbeit schaffen
- Verfahren zur Fehlervermeidung einführen
- eingetretene Fehler systematisch abstellen
- besonders gute Arbeitsergebnisse untersuchen

Verfahren
- Fehlermöglichkeits- und -einflussanalyse *(FMEA)*
- Analyse potentieller Fehler, Entscheidungsanalysen
- Entwicklungs- und Konstruktionsüberprüfungen
- Einsatz beherrschter Prozesse und deren systematische Überwachung
- Selbstprüfung
- Messbare und vollständige Aufgabenbeschreibung

Werkzeuge sind unter anderem Ishikawa- oder Pareto-Diagramme, Checklisten, Qualitätsregelkarten *(QRK)* oder Histogramme.

4.6.2 Motivation

Begriffsbestimmung
- Motiv ist der Beweggrund für ein Verhalten
- Motivation ist das Zusammenspiel aller Motive in einer konkreten Situation
- Motivieren kommt von movere und bedeutet in Bewegung setzen

Die **Hygienefaktoren** *(Umgebungsfaktoren)* sind ein unverzichtbarer Beitrag zur Gestaltung der Arbeit. Ihre vollständige Beachtung verhindert eine Unzufriedenheit des Arbeitnehmers und stellt damit die Mindestan-

Abbildung 46: Motivationstheorien nach Maslow und Herzberg

forderung für einen Arbeitsplatz dar. Sind sie vorhanden, werden sie als Selbstverständlichkeit betrachtet.

Motivatoren sind übergeordnete Bedürfnisse, deren Erfüllung zu besonderer Zufriedenheit und erhöhter Arbeitsleistung führen. Ihre Wirkung kann aber erst einsetzen, wenn das durch die Hygienefaktoren definierte Mindestarbeitsumfeld vorhanden ist.

4.6.3 Bewertung eines TQM

Eine wirklich exzellente Organisationen zeichnet sich dadurch aus, dass sie sich um die Zufriedenheit ihrer Interessengruppen bemüht, bezogen auf das, was sie erreichen und wie sie es erreichen. In Anbetracht dieser Herausforderungen wurde die European Foundation for Quality Management *(EFQM)* gegründet, um Ansätze für das Management bekannt zu machen, die zu nachhaltiger Excellence führen.

Excellence beruht auf den folgenden Grundkonzepten
- Ergebnisorientierung
- Ausrichtung auf den Kunden
- Führung und Zielkonsequenz
- Management mittels Prozessen und Fakten
- Mitarbeiterentwicklung und -beteiligung
- kontinuierliches lernen, Innovation und Verbesserung
- Entwicklung von Partnerschaften
- soziale Verantwortung

4.6.4 Kaizen

Kaizen *(japanisch für: vom Guten zum Besseren)* ist ein kontinuierlicher Verbesserungsprozess der Produkte und Dienstleistungen in allen Unternehmensbereichen mit dem Ziel der Kosteneinsparung.

Es sollten Leitfrage zu folgenden Themen gestellt werden:
- Kundenorientierung
- Unternehmensausrichtung
- Einbeziehung der Mitarbeiter
- Prozess- und Kostenorientierung
- ständiger Verbesserungsprozess
- Unternehmensführung
- Einbeziehung Dritter

5S-Bewegungen
Fünfstufige Vorgehensweise zur Neuplanung und Verbesserung von sauberen, sicheren und standardisierten Arbeitsplätzen.
- **Seiri**   → entferne Unnötiges aus deinem Arbeitsbereich
- **Seiton**   → ordne die Dinge, die nach Seiri geblieben sind
- **Seiso**   → halte deinen Arbeitsplatz sauber
- **Seiketsu**   → mache Sauberkeit und Ordnung zu deinem persönlichen Anliegen
- **Shitsuke**   → mache 5S durch Festlegen von Standards zur Gewohnheit

7M-Checkliste *(→ Ishikawa/Ursache-Wirkungs-Diagramm)*
* Mensch
* Maschine
* Material
* Methode
* Milieu/Mitwelt
* Management
* Messbarkeit

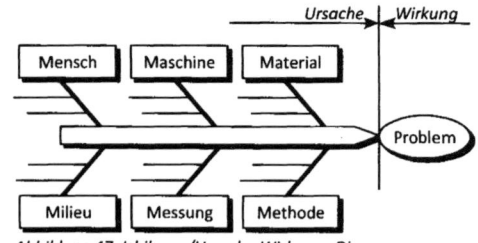

Abbildung 47: Ishikawa/Ursache-Wirkungs-Diagramm

Verschwendungsarten
* **Überproduktion**   → mehr als notwendig fertigen
* **Bestände**   → Bestände lagern sind nicht wertschöpfend
* **Nacharbeit/Fehler**   → fehlerhafte Produkte stören den Produktionsfluss
* **Bewegung**   → jede nicht wertschöpfende Körperbewegung ist unproduktiv
* **Herstellung**   → unzureichende Technologie oder Konstruktion
* **Warten**   → untätige Mitarbeiterhände → Prozesstaktung nicht optimal
* **Transport**   → Material-/Produktbewegung ist nicht wertschöpfend

PDCA-Zyklus

Ein wiederholtes Durchlaufen des PDCA-Zyklus ist sinnvoll, da das Problem immer mehr eingegrenzt wird und Erfahrungen aus vorhergehenden Zyklen angewendet werden können.

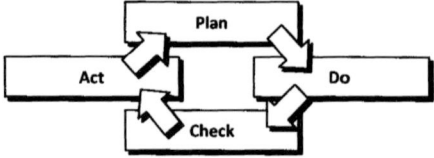

Abbildung 48: PDCA-Zyklus

* **Plan** *(Planen)* → ein Plan für eine effektive Verbesserung wird entwickelt
* **Do** *(Ausführen)* → der Plan wird zunächst in kleinerem Maßstab ausgeführt, alle wichtigen Daten sind zu sammeln bzw. festgelegten Änderungen durchzuführen
* **Check** *(Überprüfen)* → Beobachtung der Auswirkungen der Änderungen sowie Festhalten und Überprüfen der Ergebnisse
* **Act** *(Verbessern)* → Ergebnisse werden genau betrachtet, was an dem Vorgang noch zu verbessern und für den nächsten PDCA-Durchlauf von Bedeutung ist

4.7   Supply-Chain-Management

Supply-Chain-Management *(SCM)* bedeutet Lieferkettenmanagement oder Wertschöpfungslehre und bezeichnet die Planung und das Management aller Aufgaben bei Lieferantenwahl, Beschaffung und Umwandlung sowie aller Aufgaben der Logistik. Insbesondere enthält SCM die Koordinierung und Zusammenarbeit der beteiligten Partner *(Lieferanten, Händler, Logistikdienstleister, Kunden)*. Demnach ist Supply-Chain-Management ein integrativer Ansatz, um den Gesamtfluss eines Absatzkanals vom Lieferanten bis zum Endkonsumenten zu steuern.

5   PROJEKTMANAGEMENT

5.1   Projekte

Kriterien für ein Projekt

* klare, ergebnisorientierte und messbare Zielvorgabe
* durch einen fest definierten Anfangs- und Endtermin *(Projektkorridor)* begrenzt
* einmalige Aufgabenstellung
* komplexe Handlungsabläufe
* begrenzter Vorrat an finanziellen und personellen Ressourcen
* inhaltlich abgrenzbar, aber interdisziplinär bzw. fachübergreifend ausgelegt
* hohe geschäftspolitische Bedeutung

Untergliederung von Projekten

* **Ausrichtungsbezogene Projekte** orientieren sich an unterschiedlichen betrieblichen Aufgabenstellungen.
* Bei **ausstattungsbezogenen Projekte** steht die personelle Ausstattung des Projektes im Vordergrund.
* Bei **trägerbezogenen Projekte** wird nach Art des Aufgabenträgers unterschieden.
* **Funktionsbezogene Projekte** werden aufgrund der Tätigkeit der Mitarbeiter in betrieblichen Funktionsbereichen unterschieden.

5.2   Projektmanagement

Aufgabengebiete

* Innovationen schaffen
* hohe Aufgabenkomplexität bewältigen
* zeitlich limitierte Probleme lösen
* Struktur der Projektgruppe festlegen
* Projektziele und Teilziele klar bestimmen und verbindlich kommunizieren
* Projektverlauf immer für alle Beteiligten transparent halten
* Risiken rechtzeitig erkennen und behandeln
* Verantwortung und Befugnisse klar Personen zuordnen
* Projektleiter bestimmen

Ziele des Projektmanagements

* Erfüllung des Sachziels *(Projektauftrag im quantitativen und qualitativen Sinne)*
* Einhaltung der Budgetgrößen *(Termine, Kosten)*

Projektleitung

* für die Dauer eines Projektes geschaffene Organisationseinheit
* verantwortlich für Planung, Steuerung und Überwachung des Projekts
* kann den Bedürfnissen der Projektphasen angepasst werden

Ziele und Aufgaben

* ist für Planung des Gesamtprojektes verantwortlich
* besetzt die Projektgruppen mit kompetenten internen oder externen Mitarbeitern
* informiert sich regelmäßig über die Ergebnisse der Projektgruppen
* trifft Entscheidungen zum Projekt, soweit nicht dem Lenkungsausschuss vorbehalten und berichtet an ihn

Rolle des Projektleiters
- trägt Hauptverantwortung für das durchzuführende Projekt

Aufgaben des Projektleiters
- Mitwirkung bei Projektplanung, Angebotserstellung und Gestaltung des Projekt-vertrages
- Erstellung eines Termin- und Kostenplanes, sowie festlegen der Teilziele
- Organisation und Koordination aller Projektbeteiligten
- Verteilung der Arbeitsaufgaben innerhalb des Projektteams
- personelle und fachliche Führung der Projektmitarbeiter
- Regelung der Projektdokumentation und des Berichtswesen
- Kontrolle des Projektablaufes, gegebenenfalls Abstimmung mit Auftraggebern und Vorgesetzten
- Veränderung des Projektplanes nach aktuellen Gegebenheiten
- Einberufung und Leitung der Projektsitzungen
- Kontakt zu Kunden, Abnehmern und Leitung
- Projektabnahme und -abschluss

Projektziel

Das Projektziel muss messbar, formulierbar und realistisch sein. Die Hauptursachen zum Scheitern von Projekten sind unklare oder unvollständige Anforderungen an das Projekt, geänderte Anforderungen während des Projektes oder unzureichende Zuarbeit von Projektbeteiligten.

magisches Viereck der Projektsteuerung

Projektsteuerung und Projektcontrolling bewegen im Spannungsfeld eines magischen Vierecks mit den Variablen Zeit, Kosten, Quantität und Qualität. Um diese Aufgabe meistern zu können, sollte der Projektmanager bereits vor Projektstart weitgehende Mitbestimmungs- und Entscheidungsrechte haben.

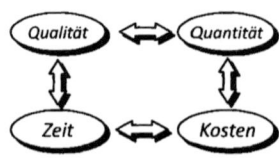

Abbildung 49: magisches Viereck

5.3   Projektorganisation

Ein Instrument der Unternehmensbestandssicherung, ohne bestehende Hierarchien und Strukturen ständig von Grund auf neu zu ordnen.

reines Projektmanagement

Diese Organisationsform findet man in projektorientiert arbeitenden Unternehmen. Die Aufgaben haben unterschiedliche Ziele bzw. Inhalte, sind zeitlich begrenzt und erfordern abgrenzbare Ressourcen. Wichtig ist die vollständige Zuordnung der Teammitglieder zum Projekt während der Projektlaufzeit sowie damit verbundene disziplinarische Weisungsbefugnis des Projektleiters.

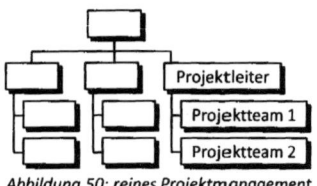

Abbildung 50: reines Projektmanagement

Vorteile	Nachteile
• vollständige Zuordnung der Mitarbeiter zum Projekt • fachlichen und disziplinarischen Weisungsbefugnis des Projektleiters • kurze Kommunikations- und Informationswege • Vermeidung von Priorisierungskonflikten zwischen Projekt- und Linientätigkeit • allgemein hohe Projektidentifikation	• Gefahren bzw. Probleme durch Wiedereingliederungserfordernis der Mitarbeiter nach Projektabschluss • aufwendige organisatorische Umstellung zu Projektbeginn

Tabelle 18: Vor- und Nachteile der reinen Projektmanagement-Organisation

Matrix-Projektmanagement

Findet man in Unternehmen, die neben regelmäßig wiederkehrenden auch projektorientierte Aufgaben zu erledigen haben. Projektorientierte Aufgaben zeichnen sich durch den Neuartigkeitscharakter aus, der ein Bearbeiten in der Linie verhindert. Die Projektergebnisse sind für mehrere Abteilungen bedeutsam, sodass Mitarbeiter aus verschiedenen Abteilungen beteiligt werden müssen. Ressourcenbedingt können die Mitarbeiter aber nur einen Teil ihrer Arbeitszeit für die Projektarbeit zur Verfügung stellen.

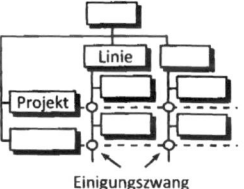

Abbildung 51: Matrix-Projektmanagement-Organisation

Vorteile	Nachteil
• flexible Nutzung der Mitarbeiterressourcen • Förderung von Integration und Akzeptanz in der Linie durch Kommunikation zwischen Projekt und Linie • Gewährleistung der fachlichen Weiterbildung in der Linie • Erhaltung der sozialen Kontakte in der Linie • Vermeidung von grundlegenden Veränderungen der Aufbauorganisation	• Kompetenzkonflikte zwischen Projekt und Linie und durch die Doppelbelastung der Mitarbeiter

Tabelle 19: Vor- und Nachteile der Matrix-Projektmanagement-Organisation

Einfluss-/Stab-Projektmanagement

Die Einfluss-Projektmanagement-Organisation kommt zur Anwendung, wenn wenig Mitarbeiterressourcen in einer regelmäßigen Projektmitarbeit gebunden werden soll, die Unternehmensleitung den Projektleiter im direkten Einflussbereich haben möchte und das Projektergebnis auch ohne direkte Einbindung der Betroffenen erreicht werden kann.

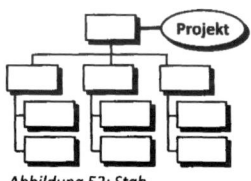

Abbildung 52: Stab-Projektmanagement-Organisation

Vorteil	Nachteile
• geringe Veränderung der bestehenden Organisationsstruktur	• mangelnde Durchsetzungsmöglichkeit des Projektleiters *(fehlende fachliche bzw. disziplinarische Weisungskompetenz)* geringe Identifikation mit Projektzielen • Informations- und Kommunikationsmangel

Tabelle 20: Vor- und Nachteile der Stab-Projektmanagement-Organisation

Projektgruppe

• zeitlich befristete Struktureinheit
• löst spezielle Aufgaben, die einmalig oder erstmalig für das Unternehmen sind
• aus bestehenden Struktureinheiten werden Mitarbeiter befristet in die Projektgruppe delegiert

Vorteil	Nachteile
• Mitglieder bringen spezifische Erfahrungen und Sichtweisen aus ihren Struktureinheiten mit ein	• Mitarbeiter finden sich nur für Projektdauer zusammen, was gruppendynamische Prozesse erschwert • wenn Struktureinheiten nur Mitarbeiter delegieren, die entbehrlich sind

Tabelle 21: Vor- und Nachteile einer Projektgruppe

Lenkungsausschuss *(Steering Committee)*

• trägt Gesamtverantwortung für das Projekt
• trifft grundsätzliche Entscheidungen, insbesondere zur Bilanzierung
• Sicherstellung, dass das Projekt die notwendige Unterstützung, Ressourcenausstattung und Priorität erfährt
• sollte mit einem Vertreter der obersten Konzernspitze besetzt sein

5.4   Phasen des Projektmanagement

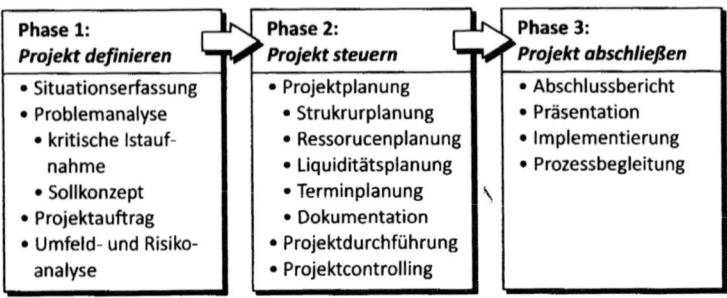

Phase 1: *Projekt definieren*	Phase 2: *Projekt steuern*	Phase 3: *Projekt abschließen*
• Situationserfassung • Problemanalyse • kritische Istaufnahme • Sollkonzept • Projektauftrag • Umfeld- und Risikoanalyse	• Projektplanung • Strukrurplanung • Ressorucenplanung • Liquiditätsplanung • Terminplanung • Dokumentation • Projektdurchführung • Projektcontrolling	• Abschlussbericht • Präsentation • Implementierung • Prozessbegleitung

Abbildung 53: Phasen des Projektmanagement

5.4.1 Projektphase 1 – Projektauswahl

Situationserfassung

Das inhaltliche Problem eines Projektes ist meist die wahrgenommene Differenz zwischen einem Ist und einem Sollzustand.

Wahrnehmende können sein

externe Stellen	interne Stellen
• staatliche Institutionen • Wissenschaftler • Medien • Interessenverbände • Unternehmensberatungen • externe Kunden	• interne Kunden • Personen, die Verbesserungsvorschläge einreichen • Mitglieder interner Verbesserungszirkel • Fachbereiche • Betriebsrat • Unternehmensleitung

Tabelle 22: Wahrnehmende einer Situation

Problemanalyse

Die Problemanalyse beginnt mit einer kritischen Istaufnahme unter Beteiligung aller Betroffenen sowie die Analyse hinsichtlich der Wertschöpfung *(das, wofür der Kunde zu zahlen bereit ist)* und Verschwendung *(das, wofür der Kunde nicht bereit ist zu zahlen).* Anschließend erfolgt gemeinsam mit den Betroffenen die Definition des gewünschten Sollzustandes.

Formulierung des Projektauftrages

Grundsätze bei der Formulierung

• zu erbringende Leistung ist genau zu bezeichnen
• als Auftraggeber ist ein Mitglied der Unternehmensleitung *(Machtpromotor)* namentlich aufzuführen
• Gesamtdauer des Projektes ist zu begrenzen
• Befugnisse sind zu klären:
  • Rolle des Projektmanagers
  • Rolle der unterstützenden Fachbereiche
  • gegebenenfalls Einsatz eines Projektsteuerungs- und -koordinierungsgremiums

Formulierung des Projektauftrages

Ziele müssen operational, also messbar sein:

• lösungsneutral
• qualitativ *(beschreibbar)*
• quantitativ *(messbar)*
• umfassend
• klar und verständlich
• realistisch

Umfeld- und Risikoanalyse

Die Umfeld- und Risikoanalyse gibt Antwort auf die Fragen zur Analyse des externen und internen Umfelds.

externes Umfeld	internes Umfeld
Rahmenbedingungen • Welche politischen, ge- samtwirtschaftlichen, technischen, soziokul- turellen Trends könn- ten das Projekt beein- trächtigen? • Was hat der Wettbe- werb bereits zu den Projektfragen unter- nommen bzw. vorge- macht?	• Ist zur Auftragslösung genügend Knowhow vorhan- den? • Ist die Veränderungs- und Unterstützungsbereit- schaft im Gesamtunternehmen hoch? • Steht ein Mitglied der Unternehmensleitung voll hin- ter dem Projekt? • Ist das Projektproblem hinreichend analysiert? • Ist die Unsicherheit im Projektverlauf intern be- herrschbar? • Sind Ressourcen-, Zeit- und Budgetaufwand tragbar? • wurden bereits positive Erfahrungen mit Projekten gemacht? • Gibt es geeignete Projektmanager im eigenen Haus?

Tabelle 23: Themenfelder der Umfeld- und Risikoanalyse

5.4.2 Projektphase 2 – Projektlenkung

Projektlenkung

Die Projektlenkung umfasst als Oberbegriff den Regelkreis der Projektplanung, -durchführung, -steuerung und -kontrolle als permanenten Soll-Ist-Vergleich.

Projektsteuerung

Die Projektsteuerung koordiniert in enger Abstimmung mit Projektleitung die einzelnen Einheiten des Projektes. Dabei dient der Plan als Sollvorgabe und bildet den Ausgangspunkt der Projektdurchführung und -überwachung. Während der gesamten Projektlaufzeit findet ein permanenter Soll-Ist-Vergleich durch die **Projektüberwachung** statt. Sind Abweichungen vorhanden, werden sie an das Projektsteuerung weitergereicht. Hier wird entschieden, ob

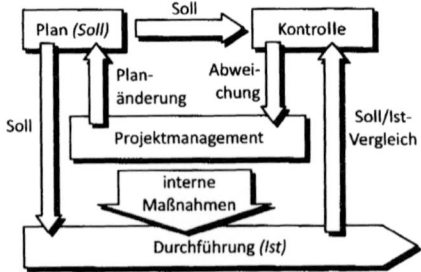

Abbildung 54: Projektlenkung als Regelkreis

sie durch internen Maßnahmen *(keine Veränderung der Rahmenbedingungen)* oder durch Planänderungen mit Absprache des Auftraggebers behoben wird.

Projektstrukturplan

Der Projektstrukturplan wird zu Projektbeginn erstellt und ist der Kern jedes Projekts. Er legt das Projekt, Teilprojekte, Arbeitspakete und Vorgänge inklusive Leistungsbeschreibungen fest. Kriterien für Detaillierung sind Dauer, Kosten, Komplexität, Überschaubarkeit des Ablaufes, Risiko und organisatorische Einbettung.

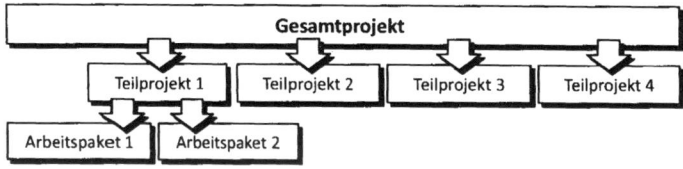

Abbildung 55: Projektstrukturplan

Ressourcenplanung

Erst nach Fertigstellung der Strukturplanung können Aussagen über benötigte Ressourcen getroffen werden wie Anzahl und Qualifikation der Projektteammitglieder, Dauer der Strukturelemente, benötigtes Budget und Einsatzmittel, Informationen oder Räume.

Kostenplanung und -überwachung

Die zentralen Punkte der Kostenplanung sind neben Kostenprognosen die Wirtschaftlichkeitskontrolle und der damit verbundenen Frühwarnsystemfunktion. Die Hauptprobleme sind zum einen die Zuordnung der Kosten auf die Vorgänge und zum anderen die Risikokalkulationen aufgrund unvollständiger Kosteninformationen. Die Kostenplanung kann entweder extern oder intern mithilfe des internen Rechnungswesens stattfinden. Die systematisierten Kosten werden zusammen mit erwarteten Einnahmen übernommen und nach ihrem zeitlichen Anfall geordnet.

Termin- und Leistungsplan

Die Terminplanung fasst die bisherigen Planungen zusammen. Es werden Netzpläne und Balkendiagrammen eingesetzt. Die Netzplantechnik schließt mit der Terminnennung zu den vorher im Projektstrukturplan vereinbarten Elementen die Gesamtplanung ab. Wichtig ist, dass alle Projektteammitglieder und Betroffene über Gesamtprojektplan grundsätzlich und fortlaufend informiert sind.

Projektdokumentation

Die optimale Dokumentation des Projektverlaufes ist die mitlaufende Aktualisierung des Projektgesamtplans. Empfänger und Interessierte sind nicht nur die Projektmanager, sondern auch die Projektteammitglieder und sonstige vom Projekt Betroffene.

Die Projektdokumentation kann z.B. per E-Mail, als Besprechung oder als Datenablage mit Protokollen im Projektordner *(Papierform oder elektronisch)* stattfinden.

Gliederung
*   **projektbezogen**: → z.B. Protokolle, Ablaufpläne, Adresslisten usw.
*   **objektbezogen** *(bezieht sich auf das Produkt)*: → z.B. Zeichnungen, Konstruktionspläne, Angebote, Rechnungen usw.

Zweck der Projektdokumentation
*   Grundlage für den Abschlussbericht oder für zukünftige Projekte
*   lessons learned
*   Nachweis
*   Wissensmanagement

5.4.3 Projektphase 3 – Projektabschluss

Abschlussbericht

Der Abschlussbericht besteht aus der Dokumentation des Projektauftrags und Projektverlauf, der Beschreibung der Projektresultate und ist ein Wegweiser zur Implementierung und Akzeptanzsicherung. Er ist an alle vom Projekt Betroffene und Beteiligte zu richten.

Präsentation

Die Abschlusspräsentation sollte möglichst vor der Gesamtbelegschaft gehalten werden, um Mitarbeiter zur Beteiligung an zukünftigen Projekten zu motivieren.

Implementierung von Projektresultaten

Die Implementierung gehört die in die letzte Projektphase. Viele Projekte, die Veränderungen bewirken, scheitern am Desinteresse oder der Abwehr der Betroffenen. Diese Abwehrhaltung liegt an unbegründeten Ängsten, die reduzierter werden können, wenn die Betroffenen vorher Beteiligte des Projektes waren.

terminierte Maßnahmen

Die einzelne Maßnahmenpunkte werden präzise und unter Zusatz von Verantwortlichen und Realisierungsterminen blattweise beschrieben sowie dokumentiert.

Streifenlisten

Ein Stapel von einzelnen Maßnahmenblättern, die gemeinsamen in periodischen Sitzungen bearbeitet werden. Abgearbeitete Blätter werden archiviert. Wenn zu den einzelnen Maßnahmen noch weitere erforderlich sind, werden diese notiert und in Folgeperiode neu vorgelegt. Neue Maßnahmenbedarfe werden als neues Maßnahmenblatt beigefügt.

Prozessbegleitung

Um die Implementierungsverantwortliche bei komplexeren und länger andauernden Implementierungsvorgängen wirksam zu unterstützen steht ein Team aus den betroffenen Fachbereichen als auch aus Personal- und Organisationsbereichen zur Seite.

Aufgaben der Prozessbegleiter

* Bereitstellung praktischer Hilfen bei der Implementierungsarbeit vor Ort
* fachbereichs-/funktionsübergreifende Koordination und Kommunikation
* Dokumentation und Bericht für die Implementierungsverantwortlichen
* Motivation der Beteiligten

5.4.3.1 Fünf-Phasen-Modell

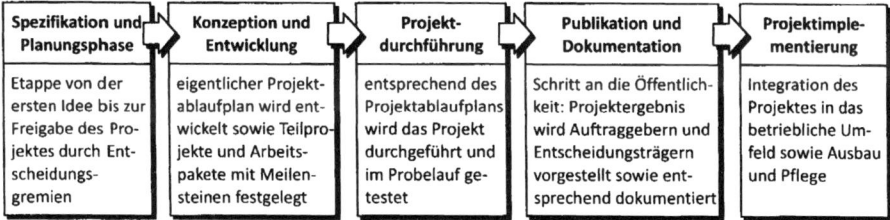

Spezifikation und Planungsphase	Konzeption und Entwicklung	Projekt-durchführung	Publikation und Dokumentation	Projektimple-mentierung
Etappe von der ersten Idee bis zur Freigabe des Projektes durch Entscheidungsgremien	eigentlicher Projektablaufplan wird entwickelt sowie Teilprojekte und Arbeitspakete mit Meilensteinen festgelegt	entsprechend des Projektablaufplans wird das Projekt durchgeführt und im Probelauf getestet	Schritt an die Öffentlichkeit: Projektergebnis wird Auftraggebern und Entscheidungsträgern vorgestellt sowie entsprechend dokumentiert	Integration des Projektes in das betriebliche Umfeld sowie Ausbau und Pflege

Abbildung 56: Fünf-Phasen-Modell

5.4.3.2 Sechs-Phasen-Modell

Initiativphase	Informationsphase	Planungsphase	Produktionsphase	Verifikationsphase	Präsentationsphase
Entwicklung der Projektidee	sammeln aller notwendigen Informationen, insbesondere Erwartungen der Auftraggeber und Beteiligten	Verwertung der Informationen in verschiedenen Planungsmodellen	Umsetzung und Durchführung des Projektes	Prüfung der Projektergebnisse, die wiederholbar und in der Praxis dem Projektziel entsprechend anzuwenden sind	Vorstellung der Projektergebnisse gegenüber Auftraggebern, Beteiligten, Betriebsöffentlichkeit und Interessierten

Abbildung 57: Sechs-Phasen-Modell

5.5 Projektsteuerung durch Soll-Ist-Vergleiche

Mit einem Soll-Ist-Vergleich werden Abweichungen vom Projektziel ermittelt und entsprechende Gegenmaßnahmen initiiert.

Unterscheidung der Soll-Ist-Vergleiche
- **einfacher Datenabgleich** für eine einzige Datenart
- **Kombinationsvergleiche** für mehrere Daten- oder Kostenarten, um Zusammenhänge und Abhängigkeiten aufzuzeigen
- **Termintrendvergleich**, um den Trend der Termineinhaltung für eine Daten- oder Kostenart grafisch darstellen zu können
- **Kosten-/Termintrendvergleich**, bei dem zwei Arten von Projektdaten grafisch dargestellt werden

Abweichungsanalyse

Abweichungen werden hinsichtlich ihrer Relevanz in Bezug auf das Projekt beurteilt und Maßnahmen zum Gegensteuern ergriffen. Solche Maßnahmen können z.B. der Einsatz zusätzlicher Projektmitarbeiter, Fremdvergabe oder Verzicht von bestimmten Projektteilen oder die Änderung des Projektzieles sein.

5.6   Multiprojektmanagement

Multiprojektmanagement ist die gleichzeitige Planung, übergreifende Steuerung und Überwachung mehrerer, untereinander abhängiger Projekte. Sie ist zur Ressourcenabstimmung zwischen den Projekten notwendig.

Kriterien für Multiprojektplanung und -steuerung

- exakte Definition von Projektzielen, Schnittmengen und Prioritäten
- Erstellung von Haupt- und Teilprojekten und deren Verknüpfungen
- exakte Festlegung von Schnittstellen sowie Festlegung der Verantwortlichen für die Übergabe von Daten
- projektübergreifende Personalplanung
- gemeinsame Budgetplanung
- Anlage von Ressourcenpools für alle Kostenarten
- Nutzung eines EDV-Projektsteuerungssystems, das Projektressourcen übersichtlich verwaltet

6 INFORMATIONS- UND KOMMUNIKATIONSTECHNIKEN

6.1 Datensicherheit (data security)

Ziel ist, Daten vor Verlust, Verfälschung und unbefugtem Zugang zu bewahren.

6.1.1 Passwörter

Ein geheimes Kennwort, das berechtigten Zugriff auf Systeme oder Dateien und Verwendung von Programmen sicherstellen soll, wird meist in Verbindung mit dem Benutzernamen zur Identifizierung *(Authentizität)* beim Zugang abgefragt.

Richtlinien für die Wahl eines sicheren Passwortes
* nicht leicht zu erraten, auch nicht zu kompliziert *(soll merkbar sein)*
* je länger, umso schwerer zu knacken *(min. 6 Zeichen, besser mehr)*
* sollte regelmäßig geändert werden *(ca. alle 90 Tage)*
* sollte aus Buchstaben, Ziffern und Sonderzeichen bestehen
* bei verschiedenen Systeme verschiedene Passwörter verwenden

Systemanforderungen beim Einsatz von Passwörtern
* Passwort darf auf dem Bildschirm nicht lesbar dargestellt werden
* Falscheingaben auf wenige Versuche beschränkt und protokolliert
* Benutzer kann Passwort selber auswählen
* Passwort muss vom Benutzer jederzeit leicht änderbar sein
* dürfen auch von einem Administrator nicht eingesehen werden können
* Passwörter sollten ein Verfallsdatum haben
* alte Passwörter dürfen nicht oder erst später erneut verwendet werden
* nicht akzeptierten von einfachen Passwörter

6.1.2 Virtual Private Network (VPN)

(siehe auch unter Fernzugriff per VPN auf Seite 100)
Ermöglicht bestimmten Anwendern einen sicheren Zugang zu wichtigen Unternehmensdaten über das öffentliche und unsichere Internet von überall in der Welt.

Sicherheitskomponenten bei einem VPN
* Netzwerk-Zugriffskontrolle zur Sicherstellung, dass Benutzer genau auf die Daten und Informationen zugreifen können, die sie benötigten
* eine Verschlüsselung stellt sicher, dass die Daten und Informationen nur durch Inhaber der jeweiligen Schlüssel entschlüsselt werden können
* Authentifizierung stellt die Benutzeridentität und Datenintegrität sicher

6.1.3 Firewall

Schutz eines eigenen Netzwerks vor dem Eindringen unberechtigter Benutzer von einem externen Netz. Daten, die eine Firewall von außen passieren sollen, werden bezüglich Zugangsberechtigung und erlaubter Dienste überprüft. Es werden nur Netzwerkzugänge und Nutzung von Diensten zugelassen, die explizit freigeschaltet worden sind *(alles was nicht ausdrücklich erlaubt ist, ist verboten)*.

Beispiele für Sicherheitsziele
- Verbergen der eigenen Netzwerkstruktur
- Schutz des eigenen Netzwerk gegen unbefugten Zugriff von außen
- Schutz der eigenen Daten gegen Angriffe auf Vertraulichkeit und Integrität
- Schutz des eigenen Netzwerk und -komponenten gegen Angriffe
- Schutz gegen Angriffe aus dem externen Netz
- Schutz vor Angriffen aufgrund neuer bekannt gewordener Sicherheitsmängel in Software und Betriebssystemen
- Schutz gegen unerlaubte Nutzung von innen

Voraussetzungen für den wirkungsvollen Schutz durch eine Firewall:
- jede Kommunikation zwischen externen und eigenen Netz erfolgt ausschließlich über die Firewall, es dürfen keine weiteren externen Verbindungen möglich sein
- Firewallzugang für Administrator darf nur über einen sicheren Weg *(Konsole)* möglich sein
- geeignetes Personal für Konzeption und Betrieb erforderlich
- Festlegung, welche Informationen protokolliert werden *(BDSG, BVG)*
- Benutzer müssen über Datenfilterung und Protokollierung informiert und aufgeklärt werden
- Benutzer sollten nicht in ihrer Arbeit eingeschränkt werden

geeignete Komponenten für eine Firewall
- **Packet Filter** → Router oder Rechner auf dem eine spezielle Software installiert ist, die Datenpakete filtert und anhand spezieller Regeln weiterleitet oder abfängt
- **Application Gateway** → Rechner, der spezielle Anwendungsinformationen filtert und nach speziellen Regeln die Verbindung erlaubt oder verbietet
- **Personal Firewall** → auf lokalen Rechnern oder Notebooks installierte Software, die Schutz vor Hacker-Angriffen bietet

6.1.4 Verschlüsselungsverfahren

Auch Kryptographieverfahren genannt, stellt eine Technik dar, mit der Daten vor unbefugtem Zugriff geschützt werden können. Die Daten werden so dargestellt, damit Unbefugte nichts damit anfangen können, Befugte jedoch diese Daten uneingeschränkt nutzen können.

symmetrische Verschlüsselung
- verwendet zum Ver- und Entschlüsseln **denselben** Schlüssel
- Schlüssel *(Secret Key)* muss jedem bekannt sein, der Daten verschlüsselt oder auf verschlüsselte Daten zugreifen möchte
- kommen Unbefugte in den Besitz des Schlüssels, können sie alle Daten entschlüsseln, einsehen, verändern und wieder verschlüsseln
- sehr schnelles Verschlüsselungsverfahren

asymmetrische Verschlüsselung
- verwendet zum Ver- und Entschlüsseln zwei **unterschiedliche** Schlüssel
- Verschlüsselung erfolgt mit dem öffentlichen Schlüssel *(Public Key)*, der jedem zur Verfügung gestellt werden kann
- Zugriff auf verschlüsselten Daten erfolgt über den privaten Schlüssel *(Private Key)*, der nur dem Empfänger der Daten bekannt ist

- Daten können an verschiedenen Stellen verschlüsselt, aber nur von demjenigen gelesen werden, der über den privaten Schlüssel verfügt
- wesentlich langsamer, bietet jedoch eine größere Sicherheit

hybride Verschlüsselung

- kombiniert symmetrische und asymmetrische Verfahren und bietet die Vorteile der schnellen symmetrischen Verschlüsselung als auch die Sicherheit des asymmetrischen Verfahrens
- von einem der Kommunikationspartner wird ein Schlüssel für symmetrische Verschlüsselung erzeugt, mit dem Public Key des anderen Partners verschlüsselt und an diesen übermittelt, die nachfolgende Kommunikation wird dann über das symmetrische Verfahren verschlüsselt

qualifizierte elektronische Signatur

digitale Lösung einer rechtsverbindlichen Unterschrift und wird durch das Signaturgesetz wird die digitale Signatur der handschriftlichen Unterschrift gleichgestellt

Voraussetzungen für die Rechtsverbindlichkeit:
- Authentizität *(Echtheit)* muss sichergestellt sein, dass Absender tatsächlich selbst unterschrieben hat
- Integrität (Unverfälschtheit) muss garantiert sein, dass ein Dokument nach dem Versenden nicht mehr manipuliert werden kann

Ablauf

Der Autor generiert zu einem elektronischen Dokument durch einen mathematischen Algorithmus einen **Hash-Wert** (*ein durch Zufall ermittelter Prüfwert, basierend auf dem aktuellen Dokument*). Dieser wird mit dem asymmetrischen Verschlüsselungsverfahren mithilfe des Private Keys des Autors verschlüsselt. Der Empfänger entschlüsselt mithilfe des Public Keys die digitale Unterschrift, ermittelt erneut einen Hash-Wert und vergleicht seinen den vom Autor geschickten Hash-Wert. Sind sie identisch, ist Authentizität und Integrität garantiert. Sind sie verschieden, stammt das Dokument entweder von einem anderen Absender oder es wurde nach dem Unterzeichnen verfälscht.

6.1.5 Risiko in der Informationstechnik

Risikoarten

Bedrohung der Verfügbarkeit
Es muss verhindert werden, dass Systeme durch Verlust oder Defekt nicht mehr verfügbar sind oder Daten durch Löschung oder Fehlzugriffe nicht mehr verwendet werden können.

Bedrohung der Integrität *(Inhalt)*
Es muss verhindert werden, dass Systeme verändert werden, sodass die vorgesehene Funktionalität nicht mehr gewährleistet ist oder unerwünschte Funktionen hinzukommen und Daten in unerwünschter Weise verfälscht oder verändert werden.

Bedrohung der Vertraulichkeit
Es muss sichergestellt werden, dass Unbefugte Daten einsehen oder sogar manipulieren oder löschen können.

Bedrohung der Authentizität *(Echtheit)*
Es muss sichergestellt werden, dass innerhalb einer Kommunikation die Originalität der Kommunikationspartner nicht vorgetäuscht wird, sondern dass es sich wirklich um die Identität handelt, die vorgegeben wird.

Risiken ohne menschliches Einwirken
Solche Risiken betreffen meist die benutzte Hardware und können z.B. technische Defekte oder Defekte durch äußere Einflüsse sein. Die Systeme und Komponenten sind gegen Brand, Hitze, Feuchtigkeit, Staub oder Erschütterungen zu schützen. Auch Magnetfelder oder Über-/Unterspannungen stellen Risiken dar.

Risiken durch menschliches Einwirken
Mangelndes Sicherheitsbewusstsein oder Nachlässigkeit der Benutzer spielen auch eine nicht zu unterschätzende Rolle, wenn die Benutzer ihre Passwörter an leicht zugänglichen Stellen notieren oder ihre Rechner für einen längeren Zeitraum verlassen und eingeloggt bleiben. Unaufmerksamkeiten sind oft eine Ursache für irrtümliches Löschen oder Überschreiben oder sogar den Verlust oder Diebstahl von Datenträger.

Risikosteuerung

Identifikation neuer Risiken
Die Identifikation neuer Risiken verlangt oft spezielles Wissen und ist daher oft nur unter Zuhilfenahme von externen Informationsquellen und Dienstleistungen möglich.

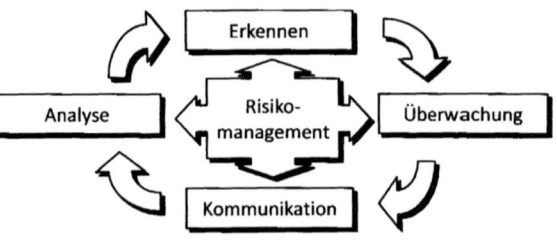

Abbildung 58: Risikosteuerung des Risikomanagements

Analyse und Bewertung
Die identifizierten Risiken müssen untersucht werden, ob sie für das eingesetzte System tatsächlich bestehen. Die beiden wichtigsten Kriterien sind die Eintrittswahrscheinlichkeit und die daraus resultierende mögliche Höhe des Schadens.

Kommunikation
Sind Risiken erkannt worden, müssen sie den Betroffenen und Beteiligten zur Kenntnis gebracht werden und sie über Maßnahmen unterrichten und zu schulen.

Überwachung
Es muss weiterhin überwacht werden, um zu verhindern, dass ein erkanntes Risiko tatsächlich zu einem Schaden führt.

6.2   Datensicherung (back-up)

Datensicherung ist das Anlegen von Sicherungskopien und Verwahrung dieser an einem sicheren Ort. Es gilt, relevante Daten vor Risiken des Datenverlusts, wie Diebstahl oder Verlust der Datenträger, irrtümliches Löschen oder Überschrieben, Virenbefall, technischer Defekt der Datenträger oder äußere Einflüsse abzusichern. Wichtig ist, dass im Falle eines Datenverlustes oder einer Datenverfälschung der ursprüngliche Datenbestand schnell wiederhergestellt werden kann.

Ziele
* Sicherungskopien aller relevanten Daten zu erstellen
* Verwahrung der Sicherungskopien an einem sicheren Ort

6.2.1 Verfahren

vollständiges Backup

Erstellt eine Sicherungskopie des kompletten Datenbestands. Dementsprechend dauert eine Sicherung relativ lange und benötigt viel Speicherplatz. Durch Aufspielen des letzten Backups wird der letzte Stand der Daten wiederhergestellt.

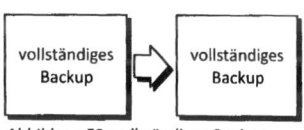

Abbildung 59: vollständiges Backup

differenzielles Backup

Das differenzielle Backup sichert nur die Daten, die seit dem letzten vollständigen Backup geändert oder neu erstellt wurden. Eine Sicherung

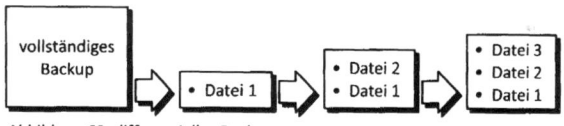

Abbildung 60: differenzielles Backup

geht wesentlich schneller. Im Wiederherstellungsfall müssen das letzte vollständige und das letzte differenzielle Backup aufgespielt werden.

inkrementelles Backup

Das inkrementelle Backup sichert nur die Daten, die seit dem letzten Backup neu erstellt oder verändert wurden. Da wirklich nur Änderungen

Abbildung 61: inkrementelles Backup

gesichert werden, ist es schnell durchgeführt und erfordert wenig Speicherplatz. Im Falle des Wiederherstellens müssen das letzte vollständige und alle inkrementellen Backups nacheinander in der richtigen Reihenfolge aufgespielt werden.

Generationsprinzip („Großvater-Vater-Sohn-Prinzip")
Dreistufiges Rotationsverfahren zum Anlegen von Backups. An jedem Wochentag werden die aktuellen Daten als Backup gesichert *(Sohn-Generation)*. Am Wochenende wird eine Wochensicherung als vollständiges Backup durchgeführt *(Vater-Generation)*. Am letzten Tag eines Monats wird eine Monatssicherung auch als vollständiges Backup erstellt *(Großvater-Generation)*.

6.2.2 Datensicherungskonzept

- Welche Daten müssen gesichert werden?
- Welche Speichermedien sollen verwendet werden?
- Wer ist für die Datensicherung verantwortlich?
- Welches Verfahren soll angewendet werden?
- Wo und wie werden die Sicherungen aufbewahrt?
- Wann und in welchen Intervallen wird gesichert?
- Wer kontrolliert die Sicherung auf Funktionalität?
- Wie hoch sind die Reaktionszeiten, falls die Sicherung benötigt wird?
- Wer ist für das Wiedergeben der Sicherung verantwortlich?

6.2.3 Sicherheitstechnik

RAID (Redundant Array of independent Drives)

Durch die Kopplung mehrerer Laufwerke zu einem Verbund steigert sich die Leistung oder die Ausfallsicherheit. Ein RAID-System alleine reicht nie als Datensicherung aus, da das System immer aktiv ist. Eine Datensicherungssystem muss nach erfolgreicher Sicherung vom aktiven Netz genommen werden können.

RAID 0 – Daten teilen (Data Striping)
Die Datenblöcke werden in „Streifen" aufgeteilt, wobei jeder auf einer separaten Festplatte gespeichert wird. Dadurch wird ein deutlich höherer Datendurchsatz erreicht. Bei einem Ausfall einer Festplatte sind die Daten verloren.

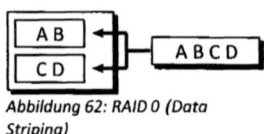

Abbildung 62: RAID 0 (Data Striping)

RAID 1 – Spiegeln (Disk Mirroring/Disk Duplexing)
Die Daten werden jeweils auf zwei Festplatten gespeichert. Bei Ausfall einer Platte sind die Daten identisch auf der zweiten Festplatte vorhanden. Bietet eine einfache und schnelle Lösung zur Datensicherheit.

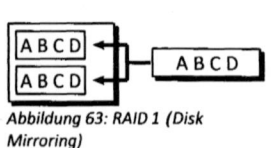

Abbildung 63: RAID 1 (Disk Mirroring)

RAID 3 und 4 – Data Striping mit separater Parity-Festplatte
Wie bei RAID 0 werden Daten auf mehreren Festplatten verteilt. Auf einer zusätzlichen Festplatte werden Paritätsdaten abgelegt, durch die bei einem Ausfall einer Festplatte alle Daten wiederhergestellt werden können.

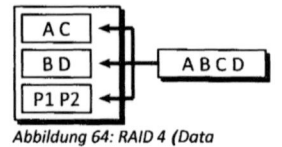

Abbildung 64: RAID 4 (Data Striping mit separater Parity)

RAID 5 – Data Striping mit verteilter Parity
Entspricht RAID 3 oder 4, aber die Paritätsdaten werden auf allen Festplatten im Verband gleichmäßig verteilt. Ist gut für Systeme mit mittleren und großen Nutzkapazitäten geeignet.

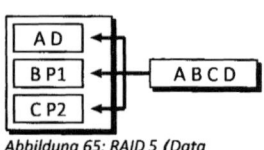

Abbildung 65: RAID 5 (Data Striping mit verteilter Parity)

kombinierte RAID-Level

Durch Kombination mehrere RAID-Level kann die Leistung oder Ausfallsicherheit weiter erhöht werden.

RAID 10 (RAID 1 + RAID 0)

Die Daten werden gespiegelt und in Streifen zerlegt auf mehrere Festplatten gespeichert.

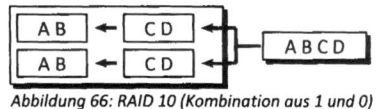

Abbildung 66: RAID 10 (Kombination aus 1 und 0)

Absicherung der Stromversorgung

Überspannungen können durch einen vorgeschalteten Filter abgefangen werden. Unterspannungen und Stromausfälle können durch eine unterbrechungsfreie Stromversorgung *(USV)* überbrückt werden.

bauliche Schutzmaßnahmen

* Alarm- und Überwachungsanlagen
* Brandschutzvorkehrungen, Feuermelder und -löschanlagen
* feuer- und wasserfester Safe für Sicherungsmedien
* gesicherte Türen und Fenster, fensterlose Räume
* kontrollierter und protokollierter Zugang mit Chipkarte und PIN

6.3   *Datenschutz (data privacy)*

Gesetzliche Regelungen, die Persönlichkeitsrechte des Menschen vor den Folgen und Risiken des Umgangs mit seinen personenbezogenen Daten schützen.

Schutzstufenkonzept

Schutz personenbezogener Daten ist durch die dazu nötigen Maßnahmen mit einem oft nicht unerheblichen Aufwand verbunden. Gesetzgebung verlangt deshalb, dass der zu betreibende Aufwand in vernünftigem Verhältnis zum Schutzzweck stehen soll

Stufe A   frei zugängliche Daten, in die Einsicht gewährt wird, ohne dass ein berechtigtes Interesse geltend gemacht werden muss

→ *z.B. Adressbücher, Mitgliederverzeichnisse*

Stufe B   personenbezogene Daten, deren Missbrauch keine besondere Beeinträchtigung erwarten lässt, deren Kenntnisnahme jedoch an ein berechtigtes Interesse des Einsichtnehmenden gebunden ist

→ *z.B. beschränkt zugängliche öffentliche Dateien, Unterlagenverteiler*

Stufe C   personenbezogene Daten, deren Missbrauch den Betroffenen in seiner Stellung beeinträchtigen kann *(Ansehen)*

→ *z.B. Familienstand, Geburtsdaten, Religion, Ordnungswidrigkeiten*

Stufe D   personenbezogene Daten, deren Missbrauch den Betroffenen in seiner Stellung erheblich beeinträchtigen kann *(Existenz)*

→ *z.B. Unterbringung in Anstalten, Straffälligkeit, Schulden, Konkurse*

Stufe E   Daten, deren Missbrauch Gesundheit, Leben oder Freiheit des Betroffenen
beeinträchtigen kann

→ *z.B. Daten über Personen, die Opfer einer strafbaren Handlung sind*

Falls die Sensibilität nicht bekannt ist, ist von der höchsten Stufe auszugehen.

Kontrollmaßnahmen

Zutrittskontrolle
Maßnahmen, die Unbefugten den Zutritt zu Datenverarbeitungsanlagen verwehren
z.B. durch eine Schließanlage zum Serverraum.

Zugangskontrolle
Maßnahmen, die verhindern, dass Datenverarbeitungssysteme von Unbefugten genutzt werden können durch z.B. Passwortabfrage am Server.

Zugriffskontrolle
Maßnahmen, die gewährleisten, dass Berechtigte nur auf die ihrer Zugriffsberechti-
gung unterliegenden Daten zugreifen können, z.b. durch Rechtevergabe bei Benutzer.

Weitergabekontrolle
Maßnahmen, die gewährleisten, dass personenbezogene Daten bei der elektronischen Übertragung nicht von Unbefugten verarbeitet werden können und dass überprüft sowie festgestellt werden kann, an welche Stellen eine Übermittlung vorgesehen ist.

Eingabekontrolle
Maßnahmen, die gewährleisten, dass überprüft und festgestellt werden kann, ob
und von wem personenbezogene Daten eingegeben, verändert oder entfernt worden
sind.

Auftragskontrolle
Maßnahmen, die gewährleisten, dass personenbezogene Daten, die im Auftrag verarbeitet werden, nur entsprechend den Weisungen des Auftraggebers verarbeitet werden können.

Verfügbarkeitskontrolle
Maßnahmen, die gewährleisten, dass personenbezogene Daten gegen zufällige Zer-
störung oder Verlust geschützt sind.

Verarbeitungskontrolle
Maßnahmen, die gewährleisten, dass zu unterschiedlichen Zwecken erhobene Daten
getrennt verarbeitet werden können.

6.4   IT-Systeme

6.4.1 CIM (Computer Integrated Manufacturing)

Konzept des integrierten Einsatzes von Rechnern in allen mit der Produktion zusam-
menhängenden Unternehmensbereichen

Zielsetzung
- Effizienz erhöhen
- gesamte Produktionsprozess verbessern
- steigenden Marktanforderungen gerecht werden
- Wettbewerbsfähigkeit steigern

Anforderungen an eine Datenbank im CIM-Konzept
- muss alle auftrags- und produktionsrelevanten Daten beinhalten
- komplexe Datenstrukturen müssen unterstützt werden können um Querbeziehungen zwischen Datenbeständen realisieren zu können
- muss allen Anwendern im Unternehmen zur Verfügung stehen
- muss Kompatibilität der Datenformate, Betriebssysteme und Rechnerplattformen in den unterschiedlichen Bereichen sicherstellen
- soll keine Redundanzen von Unternehmensdaten beinhalten
- muss eine sehr hohe Ausfallsicherheit haben

Vorteile durch die Implementierung eines CIM-Systems
- bessere Nutzung der Fertigungseinrichtungen
- kürzere Durchlaufzeiten und große Termingenauigkeit
- schnelle Produktverfügbarkeit *(Time-to-Market)*
- geringere Lagerbestände und hohe Materialverfügbarkeit
- erhöhte Flexibilität und Produktivität
- schnelle Angebotserstellung und Kalkulation
- Kostenreduzierung

CAE *(Computer Aided Engineering)*

Das rechnergestützte Ingenieurwesen beschäftigt sich als Organisationsbereich mit dem Produktentwurf und der Produktentwicklung.

CAD *(Computer Aided Design)*

Rechnergestütztes Zeichnen und Konstruieren wird im Entwicklungs- und Konstruktionsbereich eingesetzt. CAD ermöglicht zwei- und dreidimensionale Konstruieren, führt erforderliche technische Berechnungen durch und sorgt für die grafische Ausgabe.

Vorteile gegenüber der konventionellen Konstruktion
- Daten können von anderen Fachbereichen übernommen werden
- durch Rechnereinsatz können Berechnungen, Bemaßungen und Oberflächenangaben schnell durchgeführt werden
- einmal eingegebene Daten können jederzeit wieder- und weiterverwendet werden
- bietet eine Reihe komfortabler Funktionen
- Daten können einfach, schnell und kostengünstig gesichert werden
- Zeichnungserstellung geht mit Plotter schneller und exakter

CAP *(Computer Aided Planning)*

Unter rechnergestützte Fertigungsplanung versteht man den Einsatz von Rechnern in der Fertigungsplanung für z.B. Arbeitsplanung und NC-Programmierung.

CAM *(Computer Aided Manufacturing)*

Die rechnergestützte Überwachung und Steuerung der Fertigung ermöglicht die direkte Steuerung von Arbeitsmaschinen, verfahrenstechnischen Anlagen, Handhabungsgeräten sowie Transport- und Lagersystemen.

CAQ *(Computer Aided Quality Assurance)*

Die rechnergestützte Qualitätssicherung ist zuständig für die Erstellung von Prüfprogrammen und Prüfplänen sowie die statistische Auswertung von ermittelten Kontrollwerten.

PPS-Systeme *(Produktionsplanung und -steuerungs-System)*

Planung, Steuerung und Überwachung aller Produktionsabläufe eines Unternehmens von der Angebotserstellung bis hin zum Versand. Eine wichtige Rolle spielt die Betriebsdatenerfassung *(BDE)*, die die vollständige Erfassung aller relevanten Betriebsdaten sicherstellen muss.

Aufgaben

- Verwaltung von Stammdaten in zentralen Datenbanken
- Erstellen von Stücklisten und Arbeitsplänen je nach Bedarf
- Terminplanung/Berechnung von Anfangs-/Endterminen für Produktionsaufträge
- Kapazitätenplanung zur Berechnung der Auslastung pro Kostenstelle/Arbeitsplatz
- Ermittlung optimaler Bestellmengen und Lagerbestände
- Fertigungsunterlagenerstellung *(Materialstücklisten, Lohnscheine etc.)*
- Auftragsveranlassung bei Verfügbarkeit aller erforderlichen Ressourcen
- Reihenfolgeplanung, in welcher die Aufträge durchlaufen sollen
- Lagerwirtschaft, Bestandsführung, Verwaltung des Lagerorts der gelagerten Güter
- Terminüberwachung durch Soll-Ist-Vergleiche von Terminen und Zeiten
- Kostenkontrolle durch Soll-Ist-Vergleiche von Kosten und Wirtschaftlichkeit

ERP *(Enterprise Resource Planning)*

Erweiterung des PPS-System und bezieht alle im Unternehmen vorhandenen Ressourcen in die Gestaltung der Geschäftsprozesse mit ein, also auch Kapital und Personal.

Interaktionen von CAD mit CAP, CAM, PPS und CAQ

Befinden sich Zeichnungs- und Konstruktionsdaten eines CAD-Systems in einer Datenbank, die diese Daten nach dem CIM-Konzept anderen Bereichen zur Verfügung stellt, können folgende Interaktionen erfolgen:

- Geometriedaten aus der Konstruktion können zur Erstellung von Arbeitsplänen und der NC-Programmierung weiterverwendet werden
- CAD-Daten können für die Montagesteuerung, Roboterprogrammierung und Transportsteuerung benutzt werden
- Teilestammdaten und Stücklisten können der PPS übergeben werden, um z.B. Material- und Kapazitätsplanungen durchzuführen
- anhand von Zeichnungen kann die CAQ Prüfpläne erstellen

6.4.2 Anforderungen/Auswahlkriterien

Kosten	• Preis des Systems • Lizenzkosten • Kosten für Installation, Anpassung, Updates und Wartung • Kosten für Schulungen
betriebliche Anforderungen	• Kompatibilität zur vorhandenen Hardware • Kompatibilität zur vorhandenen Software • Anpassungsfähigkeit an betriebliche Abläufe • Erfüllung der gesetzlichen und betrieblichen Bestimmungen zu Datensicherheit und Datenschutz
Leistungsumfang und Qualität	• Erfüllung der Leistungsanforderungen • Komplexität der Bedienung/Ergonomie • Netzwerkfähigkeit • Verfügbarkeit des Quellcodes
rechtliche Kriterien	• Vertragswahl *(Kauf, Leasing, Miete)* • Gewährleistung/Garantien • Hard- und Softwarekauf • Lizenzmodelle
zeitliche Kriterien	• Verfügbarkeit des Systems • Lieferzeiten • Dauer der Installation, Testphase • garantierte Reaktionszeit im Störungsfall
Dokumentation und Schulung	• Einarbeitungsaufwand/Sprache der Dokumentation • Umfang und Verständlichkeit der Dokumentation • Onlinehilfe, Kontexthilfe • Schulungsangebot
Hersteller	• Erfahrungen, Kompetenz, Marktposition und Ruf • Referenzen • wirtschaftliche Situation • Serviceleistungen *(z.B. Garantie, Updates, Wartung Hotline)*

Tabelle 24: Auswahlkriterien für ein IT-System

6.4.3 Investitions- und Beschaffungsplanungen

Ausschreibung

Es werden verschiedene in Frage kommende Anbieter ausgewählt.

Angebotsanalyse

Nach der Durchsicht der eingegangenen Angebote wird eine Vorauswahl der Anbieter getroffen.

Angebotsgespräche

Mit der reduzierten Anbieteranzahl werden Gespräche geführt, in denen Details und offene Fragen beider Seiten diskutiert werden können.

Vertragsverhandlungen

Man entscheidet sich für einen Anbieter und beginnt mit diesem Vertragsverhandlungen. Es muss ein Kompromiss zwischen dem angebotenen Standardvertrag des Anbieters und den eigenen Interessen gefunden werden. Der Anbieter sollte auf jeden Fall die Erfüllung der im endgültigen Pflichtenheft dokumentierten Anforderungen schriftlich zusichern.

Finanzierung

Klärung der Frage, wie die Anschaffung finanziert und abgeschrieben werden soll.

6.4.4 Standard- oder Individualsoftware

Individualsoftware

Software, die individuell auf Bedürfnisse des Anwenders zugeschnitten ist und nur für einen Anwender/Auftraggeber entwickelt wird.

Vorteile	Nachteile
• individuelle Festlegung des Leistungsumfangs • optimale Anpassung an die jeweilige betriebliche Umgebung • direkter Kontakt zum Softwarehersteller • schnelle Reaktionsmöglichkeit bei auftretenden Fehlern • nachträgliche Änderungen/Erweiterungen können in Auftrag gegeben werden	• hohe Entwicklungskosten • jede nachträgliche Änderung der Software verursacht erneut relativ hohe Kosten • die Software ist erst nach einer entsprechenden Entwicklungszeit einsatzfähig • Auswahl der Softwarefirmen beschränkt sich auf wenige Anbieter

Tabelle 25: Vor- und Nachteile einer Individualsoftware

Standardsoftware

Programme, die für eine möglichst große Zahl von Anwendern entwickelt wurden. Der Leistungsumfang ist so umfangreich, dass die meisten Anforderungen der unterschiedlichen Benutzer erfüllt werden.

Vorteile	Nachteile
• kostengünstiger • Weiterentwicklungen werden als Update meist kostengünstig angeboten • direkte Verfügbarkeit, da die Software bereits auf dem Markt angeboten wird • Investitionssicherheit, da Anbieter diese ständig weiterentwickeln • meist werden weiterführende Lernliteratur und preisgünstige Anwenderschulungen angeboten • beim Softwarekauf steht eine große Anzahl Lieferanten zur Auswahl	• Anpassung an eigene Gegebenheiten sind nur im vom Hersteller vorgesehenen Maße möglich • Leistungsumfang viel zu groß, sodass die Programmbenutzung aufgrund der Funktionsvielfalt erschwert wird • Distanz zum Softwarehersteller • nur geringe Einflussmöglichkeit auf Fehlerbehebungen oder Weiterentwicklung

Tabelle 26: Vor- und Nachteile einer Standardsoftware

6.4.5 Implementierung von Software

Implementieren

Bedeutet in der Softwaretechnik Einführung neuer Funktionen in ein System. Ist nicht mit der Installation Software gleichzusetzen, sie umfasst vielmehr auch die Änderungen an einem vorhandenen System.

Beschaffung

Beschaffung von Standardsoftware erfolgt den gleichen Prinzipien wie die Beschaffung anderer Investitionsgüter *(Kauf- oder Mietrecht)*, während für die Beschaffung von Individualsoftware das Kaufrecht als Grundlage angewendet wird, bei dem bei mangelhaftem Wert Gewährleistungsrechte wie Nacherfüllung, Minderung und Rücktritt zustehen.

Einteilung der Programmiersprachen

Makrosprache

Ist keine Programmiersprache, sondern eine Scriptsprache, die dazu dient, wiederkehrende Arbeitsabläufe in Programmen zu automatisieren.

Interpretersprache

Interpreter übersetzen den Programmquellcode bei jedem Ablauf Zeile für Zeile. Die Verarbeitungsgeschwindigkeit ist daher niedrig. Die Möglichkeit, bei Auftreten eines Fehlers das Programm im laufenden Betrieb zu ändern und danach weiterlaufen zu lassen, macht den Entwicklungsprozess sehr komfortabel *(→ z.B. HTML-Seiten)*.

Compilersprache

Compiler übersetzen den Programmquellcode nach der Programmierung vollständig in eine ausführbare Maschinensprachendatei. Änderungen an einem compilierten Programm ohne Zugriff auf den Quellcode sind nahezu unmöglich. Für einen erneuten Programmstart muss nur noch die Binärdatei aufgerufen werden, daher sind compilierte deutlich schneller als interpretierte Programme *(→ z.B. EXE-Dateien)*.

Installation *(Roll-out)*

Stichtagsinstallation

Software wird auf allen Arbeitsplätzen zu einem bestimmten festgelegten Zeitpunkt installiert, mit dem Risiko, dass im schlimmsten Fall nichts mehr geht.

teilweise Installation

Software wird gruppenweise auf einem kleinen Teil nach und nach installiert. Auftretende Fehler können noch beseitigt werden. Die restlichen Arbeitsplätze bleiben davon unberührt. Ist aber sehr zeitaufwändig.

parallele Installation

Die neue Software wird parallel zur bestehenden Software installiert. Bei Störungen kann so auf die alte Software zurückgegriffen werden. Nachteilig kann sich allerdings etwa eine Dateiinkompatibilität auswirken.

6.5   Gestalten von Wissensmanagement

6.5.1 Managementinformationssysteme (MIS)

Managementinformationssysteme dienen als Hilfsmittel zur Unterstützung unternehmerischer Entscheidungen. Man auch bezeichnet als Decision Support System (DSS), Management Support System (MSS), Führungsinformationssystem (FIS) oder Executive Information System (EIS).

Aufgaben von Managementinformationssystemen

Sie können nur den strukturierten Teil einer Entscheidung unterstützen, indem sie gefilterte Daten auf Basis einer umfassenden Gesamtsicht zur Verfügung stellen. Diese Daten können sowohl aus internen oder externen Quellen stammen

Ebenen eines Managementinformationssystems

Man unterscheidet meist zwischen mindestens zwei Ebenen. Die **untere Ebene** dient der Unterstützung der Aufgaben und Entscheidungen, die dem jeweiligen begrenzten Umfeld einer Berichtseinheit entsprechen und einer **obere Ebene** (häufig als MSS bezeichnet), die die Daten aus mehreren Berichtseinheiten zusammenführt. Es werden Entscheidungen gefällt, die auf Daten der unteren Ebene beruhen.

Unterstützung der Entscheidungsfindung

Aus den untergeordneten Berichtseinheiten werden die Daten zu einer umfangreichen Datenbasis zusammengeführt. Die Istwerte müssen so aktuell wie möglich sein, der Idealfall wäre in Echtzeit. Für Hochrechnungen oder Trendanalysen müssen aber auch noch Werte aus der Vergangenheit zur Verfügung stehen. Die Daten, die für die Entscheidungsfindung dann tatsächlich benötigt werden, müssen zuerst nach Umfang, Inhalt, Form und Zeitpunkt gefiltert werden. Die gefilterten Daten werden zur Simulation von Entwicklungen (Szenarien) verwendet.

6.5.2 Zielgerichteter Aufbau

Wissensmanagement ⊃ CMS
Das Wissensmanagement beschäftigt sich mit der Erfassung, Verwaltung, Verarbeitung, Darstellung und Weitergabe des Wissens innerhalb eines Unternehmens.

Knowledge Engineering
Versuch, implizites Wissen (von Mitarbeitern verbalisierbare oder formalisierbare Informationen) in explizites Wissen (Handlungen oder Entscheidungen eines Mitarbeiters) umzuformen, um es erfassbar zu machen

Data Warehouse (Datenlager)

In einem Data Warehouse befinden sich alle aufbereiteten Daten aus internen und externen Quellen, die als Datenbasis für ein MIS dienen. Diese Daten werden als Kopie der Daten aus den operativen Systemen in einer Datenbank gespeichert. In dieser Datenbank befinden sich aktuelle als auch Daten aus der Vergangenheit

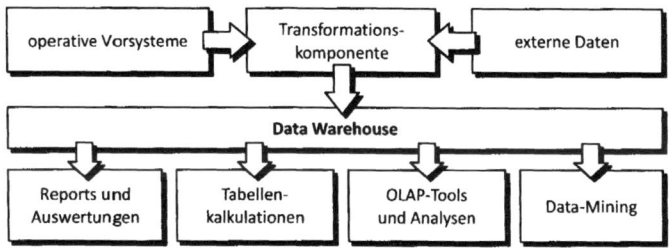

Abbildung 67: Date Warehouse

ETL-Prozess *(extract, transform, load)*

Die Daten werden mittels geeigneter Analyse- und Transformationsmethoden vereinheitlicht und gefiltert.

Data Mart

Ein Data Mart ist ein Auszug *(Kopie)* aus dem Gesamtdatenbestand eines Data Warehouse, um die Auswertungen in einem abgegrenzten Organisationsbereich zu erstellen. Es werden nur die Daten herauskopiert, die für den Zweck der Auswertung benötigt werden. Da diese Kopie ohne Auswirkung auf das Grundsystem beliebig aufbereitet werden kann, sind auch Methoden der Datentransformation anwendbar, die die Analyse der Daten vereinfachen.

Abfrage- und Berichtssysteme

Abfragesystem

Dienen zur Auswertung eines Datenbestands, die in einer speziellen Abfragesprache wie zum Beispiel SQL *(Structured Query Language)* formuliert sind und von einem Database Management System *(DBMS)* verarbeitet werden.

Berichtssystem

Berichtssysteme erstellen periodische oder aperiodische Auswertungen nach festen oder variablen Vorgaben.

Alarmsystem

Sind ereignisgesteuerte Berichtssysteme, die beim Erreichen bestimmter vorgegebener Kennzahlen einen Bericht erstellen.

Data Mining

Data Mining wird zum Finden von Zusammenhängen in Datenbeständen verwendet, die zuvor noch nicht bekannt waren. Statistische Verfahren werden mit Methoden und Verfahren der künstlichen Intelligenz kombiniert. Es kann so unter anderem herausgefunden werden, welche Artikel mit anderen angebotenen Artikel zusammen gekauft werden.

OLAP *(Online Analytical Processing)*

OPAP ist ein Verfahren, mit dem ohne besondere Programmier- oder Statistikkenntnisse große Datenmengen analytisch bearbeitet werden können. Die Darstellung der

Daten kann als Tabelle oder Grafik erfolgen. Die dazu benötigte Datenmenge stammt, je nach Größe und Zweck, entweder aus einem Data Warehouse oder einer speziellen Data Mart.

„FASMI" *(Fast Analysis of Shared Multidimensional Information)*

- **F**ast   schneller Zugriff auf die Daten *(innerhalb von 5 s, max. 20 s)*
- **A**nalysis   Umgang mit Geschäftslogik und statistischen Analysen, die für den Endbenutzer im Rahmen von Datenanalysen relevant sind
- **S**hared   muss von mehreren Benutzern gleichzeitig nutzbar sein
- **M**ultidimensional   multidimensionale betriebliche Kennzahleninformationen effizient speichern und Anwendern für Analysen zur Verfügung stellen
- **I**nformation   wird danach bewertet, wie viele Inputdaten es verwalten kann

6.6 Erstellen von Lastenheften

Lastenheft

Wird vom Auftraggeber erstellt und beschreibt die Anforderungen und alle relevanten Randbedingungen aus Anwendersicht und definiert, welche Aufgaben zu welchem Zweck gelöst werden.

Aufbau eines Lastenheftes
- Zielbestimmungen
- Produkteinsatz
- Produktfunktionen
- Produktdaten
- Produktleistungen
- Qualitätsanforderung
- Ergänzungen

Pflichtenheft

Ist vom Auftragnehmer zu erstellen und beinhaltet die Anwendervorgaben des Lastenhefts, die darin weiter detailliert werden und beschreibt konkrete Lösungsansätze, wie und wo die Anforderungen realisiert werden sollen.

Das Lasten- und Pflichtenheft ist die Basis für einen Vertrag zwischen Auftraggeber und Auftragnehmer.

6.6.1 Inhalte und Anforderungen

Kriterien
Muss- oder Ko-Kriterien sind für einen ordnungsgemäßen Betrieb unabdingbar. Schon das Fehlen eines einzigen Kriteriums disqualifiziert das Angebot. **Sollkriterien** sind für den Betrieb des Systems zwar verzichtbar, steigern aber dennoch den Nutzwert. Die Erfüllung von **Kann-Kriterien** bringen meist einen zu geringen Nutzen, der den höheren Preis meistens nicht rechtfertigen.

6.6.2 Spezielle Unternehmensanforderungen

Top-down-Design

Ausgehend von einem Entwurf mit abstrakten Objekten wird das Lastenheft immer detaillierter an die tatsächlichen Anforderungen angepasst.

Bottom-up-Design

Ausgehend von einer Leistungsbeschreibung des Gesamtsystems kann durch Streichung der nicht benötigten Leistungsmerkmale eine vollständige Anforderungsliste gewonnen werden.

6.7 Softwareergonomie

Ziele bei der Einführung neuer Software
* Fehler verringern und dadurch die Sicherheit erhöhen
* Zuverlässigkeit erhöhen
* Lernanforderungen verringern
* Wartbarkeit verbessern
* Wirksamkeit erhöhen
* Produktivität erhöhen
* Arbeitsumgebung verbessern und Arbeitszufriedenheit steigern
* Ermüdung verringern

Benutzerfreundlichkeit *(Usability)*

Programmbenutzer möchten so arbeiten können, dass ihre Tätigkeit bestmöglich unterstützt wird, ohne dass sie sich mit der neuen Software übermäßig beschäftigen müssen.

Barrierefreiheit

Barrierefreiheit bedeutet, dass die Software so gestaltet wird, dass sie von jedem Menschen unabhängig von einer eventuell vorhandenen Behinderung uneingeschränkt benutzt werden können.

Maßnahmen zur Barrierefreiheit sind
* ausschaltbare Wiederholfunktion bei längerer Betätigung der Tasten
* verzögertes Ansprechen der Tastatur, um versehentliche Betätigung zu verhindern
* Tastaturmaus *(Simulation der Maus über die Pfeiltasten der Tastatur)*
* Auffinden des Mauszeigers durch Hervorhebung bei bestimmtem Tastendruck
* einstellbares Doppelklick-Intervall der Maustasten,
* Bildschirmlupe *(vergrößert Bildschirmausschnitte)*
* Bildschirmleser *(liest ausgewählte Teile des Bildschirminhalts vor)*

Hardwareergonomie

Berücksichtigt die psychischen und mentalen Gegebenheiten der Benutzer. Nichtbeachtung führt zu Stress, der sich auch in physischen Beschwerden wie Kopfschmerzen, Schäden des Bewegungsapparats durch verkrampfte Sitzhaltung usw. äußern kann.

Softwareergonomie

Anpassen der Bedienung eines IT-Systems an das natürliche Arbeitsverhalten der Benutzer.

Bildschirmarbeitsverordnung *(BildschArbV)*

DIN EN ISO 9241 fasst diese Anforderungen in sieben Grundsätzen zusammen
1. Aufgabenangemessenheit *(geeignete Funktionalität, Minimierung unnötiger Interaktionen)*
2. Selbstbeschreibungsfähigkeit *(Verständlichkeit durch Hilfen/Rückmeldungen)*
3. Steuerbarkeit *(Steuerung des Dialogs durch den Benutzer)*
4. Erwartungskonformität *(Konsistenz, Anpassung an das Benutzermodell)*
5. Fehlertoleranz *(Vermeidung schwerwiegender Fehler, leichte Korrektur)*
6. Individualisierbarkeit *(Anpassbarkeit an Benutzer und Arbeitskontext)*
7. Lernförderlichkeit *(Anleitung des Benutzers, Metaphern)*

6.8 Phasenmodelle für die IT-Systemeinführung

Wasserfallmodell

Fasst den Gesamtprozess als eine Folge von Tätigkeiten und Prüfschritten auf. Jede Tätigkeit, die wiederum in Teilschritte untergliedert werden kann, bildet eine Phase. Der Übergang in die nächste Phase erfolgt erst, wenn ein geprüftes Ergebnis vorliegt, andernfalls kann die betroffene Phase erneut durchlaufen werden *(lokale Iteration)*. Ist für kleinere Projekte gut geeignet, da das lineare Vorgehen geringe Ansprüche an das Projektmanagement stellt.

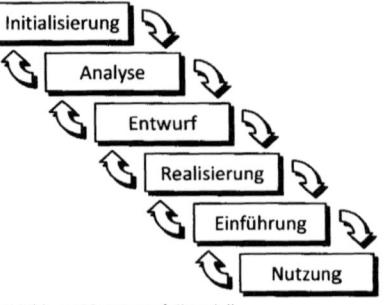

Abbildung 68: Wasserfallmodell

Drei-Phasenmodell

Phase 1: *Planungsphase*	Phase 2: *Realisierunsphase*	Phase 3: *Produktionsphase*
• Projektvorschlag • Voruntersuchung • Grobschätzung der Kosten/ Nutzen • Entwicklungsantrag • Terminplanung • Projektauftrag • Ist-Aufnahme und Bewertung (SWOT) • Fach-/DV-Konzept • Lasten-/Pflichtenheft	• Fach-/DV-Feinkonzept • Programmierung bzw. Standardanpassung • Tests • Systempflege und Weiterentwicklung • Schnittstellen entwickeln und testen • Realisieren der rechtlichen Bestimmungen • Anwender schulen	• Datenübernahme • Inbetriebnahme • Schnittstellen aufschalten • Dokumentation • Systembetreuung und -pflege

Abbildung 69: Drei-Phasenmodell

6.9   Kommunikationssysteme

6.9.1 Arten von Kommunikationssystemen

LAN *(Lokal Area Network)*

Ein LAN ist die kleinste Netzwerkkategorie und beschreibt ein Netz, bei dem sich alle Elemente unter der Verfügung des Betreibers befinden z.b. ein Netzwerk im Büro, in einem Gebäude oder auf dem Firmengelände.

Vorteile	Nachteile
• einfache Möglichkeit des Datenaustauschs zwischen Arbeitsplätzen • Zugriff von allen Arbeitsplätzen auf aktuelle Daten zentraler Dateiserver • zentraler Datenbestand ist leichter zu pflegen und vermeidet Redundanzen • Einsatz netzwerkfähiger Software ist für mehrere Benutzer kostengünstiger • Datensicherungen können über ein Netzwerk automatisiert erfolgen • Netzwerk-Betriebssysteme bieten umfangreiche Möglichkeiten der Rechteverwaltung, die Datenschutz und Datensicherheit fördern • teure Hardware kann von allen Arbeitsplätzen aus genutzt werden • stellen die Grundlage zur Implementierung automatisierter Unternehmensprozesse *(CIM)* und Informationssysteme *(Intranet)* dar	• Ausfall eines Servers oder Hardware betreffen alle angeschlossenen Benutzer • Gefahr der Virenverbreitung ist relativ groß und die Entfernung der Schadprogramme wird erschwert, da ein Server nicht ohne Weiteres abgeschaltet werden kann • Einrichtung eines lokalen Netzwerks ist mit zusätzlichen Kosten für Vernetzung, Serverrechner und Netzwerksoftware verbunden • Einrichtung und Wartung eines Netzwerks ist aufwendig und erfordert entsprechende Netzwerkspezialisten

Tabelle 27: Vor- und Nachteile eines LANs

MAN *(Metropolitan Area Network)*

Ein MAN verbindet Rechner in einem Gebiet oder Region, die auch für ein sehr ausgedehntes LAN zu groß wäre. Ein Beispiel sind die zunehmende Zahl HotSpots verschiedener Telekommunikationsunternehmen in den Innenstädten von Großstädten.

WAN *(Wide Area Network)*

Ein WAN ist ein Weitverkehrsnetz, das Computer über relativ große Entfernungen verbindet. Es reicht von wenigen Kilometern bis zu mehreren tausend Kilometern und kann sich auch über Länder und Kontinente erstrecken. Es beschreibt lediglich die Ausdehnung eines Netzwerks und bezieht sich nicht auf seine technischen Spezifikationen (z.B. Übertragungsrate, -medium oder -protokolle). Beispiele sind das analoges Fernsprechnetz sowie das ISDN.

Internet

Das Internet ist mittlerweile ein fester Bestandteil der Informations- und Kommunikationstechnik. Die Hauptanwendungen sind Nachrichtenaustausch per E-Mail und Nutzung des riesigen Informationsangebots. Durch die Verknüpfung vieler einzelner

Rechner, Server und Netzwerke entsteht ein globales, die Welt umfassendes Netz. Fällt ein Rechner in diesem Netz aus, so gibt es immer einige andere Wege, über die die Nachricht umgeleitet werden kann. Das stellt die Grundlage für eine paketvermittelnde Kommunikation dar.

Portale

sind Webseiten, die sich einem Benutzer als Pforte zum Internet präsentiert und werden meist so eingerichtet, dass der Benutzer direkt nach dem Verbindungsaufbau dorthin gelangt und seine Internetaktivitäten von dort aus durchführt.

Intranet

Ein internes, nicht öffentliches Web, das über das Netzwerk eines Unternehmens umfangreiche Informationen anbietet und dieselben Web-Techniken wie das Internet verwendet. Es gestattet Mitarbeitern einen einfachen und schnellen Zugriff auf gemeinsame Unternehmensinformationen.

Extranet

Haben Lieferanten und Partnerfirmen Zugriff auf das Intranet und die Unternehmensdaten, so spricht man von einem Extranet. Der Zugriff erfolgt für bestimmte externe Benutzergruppen jedoch eingeschränkt das bedeutet, bestimmten Benutzergruppen stehen nur bestimmte Bereiche und Informationen zur Verfügung.

DSL

Digital Subscriber Line (digitaler Teilnehmeranschluss)

DSL-Technologie bietet hohe Datenübertragungsgeschwindigkeiten im Megabit-Bereich über herkömmliche Telefonleitungen. Wie bei ISDN kann bei DSL telefoniert und gleichzeitig über dieselbe Leitung Daten übertragen werden. Zur Trennung der Telefonsignale von DSL-Daten wird auf der Benutzerseite ein Splitter eingesetzt.

symmetrisches DSL *(SDSL)*

Es steht die gleiche Bandbreite für Versand und Empfang von Daten zur Verfügung

asymmetrisches DSL *(ADSL)*

Es bestehen unterschiedliche Bandbreiten für Versand und Empfang von Daten. Das Versenden erfolgt mit wesentlich geringerer Kanalkapazität als das Empfangen. Das entspricht dem typischen Verhalten beim Surfen, wo nur wenige Daten zum Internetserver geschickt werden, jedoch große Datenmengen vom Internetserver geladen werden.

Vorteile durch den Einsatz von DSL

- hohe Datenübertragungsraten
- Sprach- und Datenübermittlung gleichzeitig über eine Leitung
- kein Verlegen neuer Anschlüsse oder Leitungen, da bestehende Anschlüsse weiter genutzt werden können
- mehrere Rechner können über einen DSL-Router denselben DSL-Anschluss benutzen

6.9.2 Vermittlungstechniken

Vermittlungstechniken beschreiben die Art und Weise, mit der ein Übertragungspfad zwischen zwei Kommunikationspartnern zustande kommt.

Paketvermittlung

Die zu übertragende Information wird in einzelne Datenpaketen zerlegt, die einzeln vom Sender zum Empfänger geschickt und dort wieder zur ursprünglichen Information zusammengefügt. Da zwischen Sender und Empfänger keine direkte Verbindung besteht, kann der Übertragungspfad nicht vorherbestimmt werden.

Leitungsvermittlung

Zwischen zwei Kommunikationspartnern wird eine direkte physikalische Verbindung über eine oder mehrere Vermittlungsstellen für die Dauer der Verbindung aufgebaut.

Wählverbindung

Durch Anwählen eines Teilnehmers wird eine Verbindung über ein öffentliches Wählnetz hergestellt.

Festverbindung *(Stand- oder Mietleitung)*

Beide Kommunikationspartner sind fest definiert, die Verbindung steht dauerhaft zur Verfügung, egal, ob sie genutzt wird oder nicht. Eine Verbindung zu einem anderen Kommunikationspartner ist über denselben Anschluss nicht möglich.

6.9.3 Netzwerktopologien

Eine Netzwerktopologie beschreibt den Aufbau eines Netzwerkes.

Bus-Topologie

Die einzelnen Netzwerkknoten werden über eine gemeinsame Leitung *(Backbone)* verbunden. Jeder Knoten muss ständig den gesamten Datenstrom überprüfen, ob die übertragenen Daten für ihn bestimmt sind. Eine gleichzeitige Datenübertragungen von mehreren Knoten führen zu Datenkollisionen, die die übertragenen Daten unlesbar und eine Wiederholung der Übertragung notwendig machen.

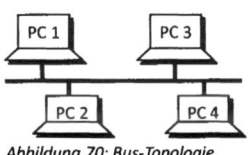

Abbildung 70: Bus-Topologie

Stern-Topologie

Ist die häufigste Topologie in lokalen Netzwerken und Telefonanlagen. Die einzelnen Knoten sind über einen zentralen Verteiler *(Hub oder Switch)* verbunden. Ein Ausfall des Verteilers bedeutet allerdings den vollständigen Ausfall des Netzes. Eine Netzerweiterung ist sehr einfach, weil an der bestehenden Verkabelung keine Verbindungen getrennt werden müssen.

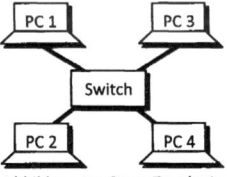

Abbildung 71: Stern-Topologie

Ring-Topologie

Die Daten werden gerichtet übertragen und beim Durchgang durch einen Knoten verstärkt und regeneriert. Die Steuerung und Zugriff auf das Übertragungsmedium regelt ein Protokoll, das jeweils einer Station die Sendeberechtigung zuweist und so Kollisionen vermeidet.

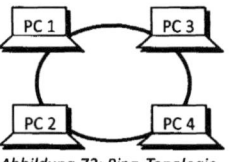

Abbildung 72: Ring-Topologie

Maschen-Topologie

Die mehrfache Verbindungen machen eine Verkabelung sehr aufwendig, ermöglichen aber eine hohe Ausfallsicherheit, da mehrere Wege zur Verfügung stehen. Kommt bei der Verbindung von mehreren Servern in einem Hochverfügbarkeitsverbund *(Clustersystem)* zum Einsatz.

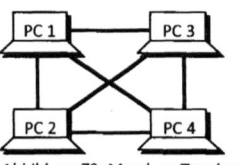

Abbildung 73: Maschen-Topologie

Client-Server-Architektur

Einem Server kommt die Rolle eines Dienstleisters zu, der den über ein Netzwerk angeschlossenen Clients bei Bedarf einen Dienst anbietet.

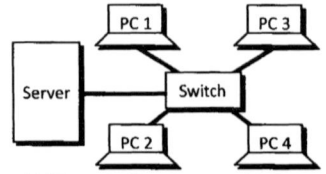

Abbildung 74: Client-Server-Architektur

- **Datei- oder File-Server** stellen Dateidienste bereit und ermöglicht so eine zentrale Datenspeicherung
- **Anmelde- oder Login-Server** verwalten Benutzerkonten an einer zentraler Stelle
- **Druck- oder Print-Server** regeln den Zugriff auf im Netzwerk freigegebene Drucker
- **Router** stellen Clients einen gemeinsamen Internetzugang zur Verfügung
- **Mailserver** ist ein „zentrales Postamt", auf dem jeder Benutzer ein Postfach besitzt
- **Terminalserver** führen Programme auf dem Server aus, die sonst auf den Clients laufen würden. Sie müssen daher über sehr hohe Rechenleistung verfügen

Thin Clients

Stellen lediglich die Benutzerschnittstelle dar, die Datenverarbeitung erfolgt durch einen Server. Beispiele für Thin-Client-Anwendungen sind Web-Browser oder Anwendungen für den Zugriff auf Terminalserver. Bei der Nutzung werden alle Eingaben an einen Terminalserver gesendet. Auf dem Server werden die Eingaben dann verarbeitet und die Ausgabe wird zurück zum Client geschickt, der diese nur noch anzeigen muss.

Vorteile	Nachteile
• preiswerte Anschaffung der Endgeräte • höhere Lebensdauer • höhere Datensicherheit, da Schadprogramme sich nicht ausbreiten können • geringer Administrationsaufwand, da keine Speicherung auf Endgeräten • geringer Platzbedarf am Arbeitsplatz • Energieeinsparung beim Betrieb • weniger Energieaufwand bei der Herstellung	• leistungsstarke Netzwerkstruktur muss gegeben sein • Ausfall des Servers hat Ausfall der Endgeräte zur Folge • hoher Kostenaufwand für die Umstellung auf Thin-Clients

Tabelle 28: Vor- und Nachteile von Thin-Clients

Peer-to-Peer-Netze *(P2P)*

PC-Netze, in denen alle angeschlossenen Rechner gleichberechtigt sind und sowohl als Client wie auch als Server agieren. Alle Ressourcen wie z.b. Programme, Dateien, Rechenleistung, Festplattenplatz, Drucker können direkt unter den Peers ausgetauscht werden, es wird kein Rechner als Server benötigt.

6.9.4 Netzwerkkomponenten

Hub

Leitet jedes empfangene Datenpaket immer an alle angeschlossenen Knoten weiter.

Switch

Kann die Adressen der angeschlossenen Knoten unterscheiden und schließt eine direkte Verbindung zwischen Kommunikationspartnern

Bridge

Eine Bridge verbindet zwei Netzwerke miteinander und überträgt Datenpakete von einem Netzwerk in ein anderes.

Router

Wird zur Verbindung zweier Netzwerke eingesetzt. Ein Router wertet Protokollinformationen der Datenpakete aus, was ihn vom eingesetzten Netzwerkprotokoll abhängig macht. Router bieten häufig auch umfangreiche Filterfunktionen an.

Gateway

Mit einem Gateway werden unterschiedliche Netzwerke miteinander verbunden. Ein Gateway konvertiert bei der Datenübertragung zwischen den beiden Netzwerken die Paketformate, Netzwerkadressen und Protokollinformationen für die jeweils andere Seite.

6.9.5 Kommunikationsdienste

E-Mail *Electronic Mail (elektronische Post)*

Erstellung, Übermittlung, Empfang und Ablage erfolgen in elektronischer Form über Rechner und Netzwerke. Über E-Mail lassen sich verschiedene Inhalte wie Texte, Bilder, Grafiken, Audio- und Video-Daten sowie ausführbare Programme versenden.

Vorteile	Nachteil
• Nachrichten lassen sich zu jeder Zeit versenden • werden schneller als normale Briefpost weltweit übermittelt • Kommunikation ist papierlos und preiswerter • elektronische Übermittlung ermöglicht es, Informationen direkt weiterzuverarbeiten oder zu archivieren	• Virenrisiko durch Dateianhänge

Tabelle 29: Vor- und Nachteil von E-Mail

VoIP *(Voice over IP)*

Bezeichnet das Telefonieren über Computernetzwerke, welche nach Internet-Standards aufgebaut sind. Dabei werden für Telefonie typische Informationen, wie Sprache und Steuerinformationen über ein auch für Datenübertragung genutztes Netz übertragen. Bei den Gesprächsteilnehmern können sowohl Computer, VoIP-Telefonie als auch über spezielle Adapter angeschlossene klassische Telefone die Verbindung herstellen.

Vorteile	Nachteile
• nur noch eine Infrastruktur notwendig • geringerer Administrationsaufwand • schnellerer Verbindungsaufbau • Grundlage für weitere Kommunikationstechniken *(Videokonferenz etc.)* • kostenlos von VoIP zu VoIP • bessere Variabilität bei der Nutzung von VoIP-Endgeräten, da an jedem Standort immer dieselbe Rufnummer verwendet werden kann • Steigerung der internen und externen Kommunikation	• schlechte Sprachqualität • Abhängigkeit von der Internetverbindung • höhere Anschaffungskosten für teurere VoIP-Endgeräte • Schulungsaufwand für die Nutzung von VoIP-Software • Mitarbeiterbarrieren müssen überwunden werden • zusätzliches Know-How notwendig • erhöhte Anfälligkeit der Abhörsicherheit und von Schadprogrammen

Tabelle 30: Vor- und Nachteile von VoIP

6.9.6 Internetdienste

Internetdienste sind Anwendungen, die das Internet, Extranet und Intranet seinen Benutzern anbietet. Sie basieren alle auf dem Client-Server-Modell, d.h. dass der Benutzer eine zu einem entsprechenden Server eine Verbindung herstellen muss.

World Wide Web *(WWW)*

Stellt den Informationsdienst des Internets dar. Ermöglicht aber auch die Integration anderer Dienste, z.B. E-Mail und Dateitransfer *(FTP)*.

Webmail

Webinterface zu Postfächern der Benutzer, die ihre Mails ohne Mail-Client direkt im Browser bearbeiten können. Ideal zum gelegentlichen Mail-Abruf, z.B. im Urlaub in einem Internetcafé.

Datei-Transfer *(File Transfer Protocol (FTP))*

FTP ermöglicht den Dateitransfer zwischen verschiedenen Rechnern über das Internet. Die angebotenen Daten werden auf Servern geladen, die zum öffentlichen Download zur Verfügung stehen.

News

News sind Diskussionsforen, in denen Diskussionsbeiträge zu speziellen Themen von verschiedenen Benutzern gesammelt werden.

Telnet

ermöglicht den Zugriff auf andere Rechner über das Internet *(Terminalemulation)*. Mit dem eigenen Rechner wird auf einen angewählten Host-Rechner zugegriffen und die Rechenleistung dieses Computers genutzt.

Videoconferencing

Ermöglicht die Übertragung von Audio- und Videodaten zwischen zwei oder mehreren Konferenzteilnehmern. Für die Übertragung der Audio- und Videodaten in Echtzeit ist eine hohe Bandbreite erforderlich.

Komponenten für den Einsatz

- Videokamera
- Mikrofon
- Anzeigemedium
- Lautsprecher zu Tonausgabe
- Steuerungsmodul oder PC mit spezieller Software
- Kodierungsmodul zur Kodierung und Dekodierung der Daten
- Übertragungseinheit

Vorteile	Nachteile
• enorme Zeit-/Reisekostenersparnis • Möglichkeit zur gleichzeitigen Bearbeitung von Dokumenten • einfache Möglichkeit des Dateitransfers während einer Verbindung	• geografischen Trennung • mangelnder Blickkontakt • relativ hohe Bandbreite erforderlich

Tabelle 31: Vor- und Nachteile von Videoconferencing

Home- und Telebanking

Homebanking

Beim Homebanking man kann 24 Stunden am Tag vom jedem Computer mit Internetanschluss auf den Bankrechner zugreifen und so auf elektronischem Weg Transaktionen durchführen. Um den Zugriff auf sein Konto zu erhalten, muss man sich mit PIN *(persönliche Identifikationsnummer)* und Passwort ausweisen. Vor der Ausführung der ausgewählten Aufträge muss jeder einzelne Vorgang durch Angabe einer TAN *(Transaktionsnummer)* bestätigt werden.

Vorteile	Nachteile (Risiken)
• Einsparung von Zeit und Wegen • ist nicht an die Öffnungszeiten der Bank gebunden • oft billigere oder kostenlose Kontoführung • umfangreiche Konto- und Depotinformationen jederzeit abrufbar • Konto- und Depotdaten lassen sich auf einem PC weiterverarbeiten • terminierte Überweisungen • über Internet weltweit kostengünstig durchzuführen	• Gefahr des ausspionierens, daher sollte man seine Zugangsdaten nie auf dem PC abspeichern • da alle Daten durch viele unbekannte Rechner gehen, besteht die Gefahr, dass diese mitgelesen werden können

Tabelle 32: Vor- und Nachteile von Homebanking

Telebanking

Bei Telebanking man kann meist rund um die Uhr über spezielle Service-Rufnummern Mitarbeiter einer Bank erreichen. Nach erfolgreicher Identifikation teilt man telefonisch die gewünschten Transaktionen mit. Telebanking beinhaltet jedoch auch Risiken, da man belauscht werden kann, wenn Name, Kontonummer und Kennwort von jedem Anrufer genannt werden müssen.

E-Commerce *(Electronic Commerce – elektronischer Handel)*

bezeichnet den Verkauf von Waren inklusive Bezahlung auf elektronischem Weg über das Internet. Geschäfte können beliebig zwischen Unternehmen, Behörden und Privatpersonen erfolgen und beziehen sich auf Handel mit Informationen, Produkten oder Dienstleistungen.

Vorteile durch den Einsatz von E-Commerce

- parallel zu bisherigen Absatzmärkten können über das Internet neue Märkte erschlossen werden
- Nutzung elektronischer Medien eröffnet den Kunden 24 Stunden am Tag alle Angebote eines elektronischen Marktes
- Angebot technologisch neuer Dienste bedeutet häufig einen Imagegewinn und ein Differenzierungsmerkmal für das Unternehmen
- Anpassung der Geschäftsprozesse, z.B. automatisierte Auftragserfassung führt zu enormen Einsparungen

Business-to-Business *(B-to-B oder B2B)*

Der elektronische Handel zwischen Unternehmen. Es lassen sich so deutlich Kosten im Einkauf, Vertrieb, Logistik, Produktion oder Entwicklung einsparen.

Business-to-Customer *(B-to-C oder B2C)*

Bezeichnet den Onlinehandel zwischen Unternehmen und Privatkunden.

EDI *(Electronic Data Interchange)*

Es wird vesucht, die einzelnen betrieblichen Informationssysteme der an einer Lieferkette beteiligten Unternehmen zu verbinden. In solchen komplexen Systemen ist es vorteilhaft, die Vernetzung der Einzelsysteme über standardisierte Formate vorzunehmen.

EDIFACT *(Electronic Data Interchange for Administration, Commerce and Trade)*

EDIFACT ist ein branchenübergreifender Standard im Geschäftsverkehr.

ODF *(Open Document Format)*

Ein von der ISO standardisiertes Format im Bereich der Office-Programme, basierend auf der Extensible Markup Language (XML).

WebEDI

Der Betreiber des WebEDI-Portals schafft eine Benutzerschnittstelle für Kunden und Lieferanten zu seinem EDI-System, in das der Geschäftspartner seine eigenen Dokumente selbst einpflegen kann. Die Einführung ist aber mit erheblichen Kosten verbunden.

6.9.7 Einsatz

strukturierte Verkabelung

Eine nachträgliche Verkabelung von Gebäuden und Firmengelände ist teuer, daher es ist anzustreben, bereits bei der Erstinstallation eines Kommunikationsnetzes auf eine möglichst flexible Verkabelung zu achten.

vier Bereiche der Infrastruktur eines lokalen Netzes
- **Primär- oder Campusbereich** für die Verbindung der Gebäude eines Standorts untereinander *(meist Glasfaserkabel)*
- **Sekundär- oder Steigbereich** für die Verbindung der einzelnen Etagen eines Gebäudes *(Glasfaser- oder Kupferkabel)*
- **Tertiär- oder Horizontalbereich** zur Verbindung der Anschlusseinheiten wie Wanddose mit Etagenverteiler *(meist Kupferkabel, in Ausnahmefällen Glasfaserkabel)*
- **Arbeitsplatzbereich** für den Anschluss der Endgeräte an die Anschlusseinheiten *(Patchkabel aus Kupfer, in Ausnahmefällen Glasfaserkabel)*

drahtlose Netzwerke

DECT-Standard *(Digital Enhanced Cordless Telephone Standard)*
Eine Datenfunktechnik zum schnurlosen Telefonieren mit am Festnetz angeschlossener Basisstation.

IEEE-Standards *(Institute of Electrical and Electronics Engineers)*
- **IEEE 802.11 g/n** *(WiFi bzw. Wireless Fidelity; WLAN)* ist ein Standard für Gerätekommunikation *(2,4 GHz)* mit einer Reichweite von 30 bis 50 Meter und einer Übertragungsrate bis zu 300 Mbit/s.
- **IEEE 802.11 a** ist ein WLAN-Standard im 5-Gigahertz Bereich und Übertragungsraten bis 54 Mbit/s

Richtfunk
Geeignet zur Anbindung entfernter Standorte an ein zentrales Netzwerk. Die Reichweite beträgt bis 30 km und die Übertragungsrate bis zu 50 Mbit/s. Richtfunk ist die für Anbindung mobiler Benutzer nicht geeignet.

Bluetooth
Ein Standard für drahtlose Kommunikation zwischen mobilen Geräten. Die Reichweite beträgt bis zu 10 Meter und bietet eine Übertragungsrate von bis zu 720 kbit/s.

wireless LAN *(WLAN)*
WLAN wird häufig dazu verwendet, bestehende kabelgestützte Netze über Access-Points zu erweitern. Benutzer des drahtlosen Netzwerks erhalten so Zugang auf Ressourcen im Festnetz bzw. LAN.

6.9.8 Zugangsarten

Remote–Access

Bietet Benutzer die Möglichkeit des entfernten Zugriffs auf ein Rechnersystem/Netzwerk von außen direkt oder über das Internet auf das LAN eines Unternehmens. Unternehmensdaten, Intranet und Nachrichten vom E-Mail-Server stehen für Mitarbeiter außerhalb des lokalen Netzwerks zur Verfügung. Jeder Benutzer muss sich mit Username und Passwort authentisieren.

Fernzugriff per Direkteinwahl

Für die Direkteinwahl in ein LAN können alle öffentlichen Kommunikationsnetze für Wählverbindungen genutzt werden. Vor dem physikalischen Verbindungsaufbau wird die Zugangsberechtigung des Anrufers überprüft.

Fernzugriff per VPN

(siehe auch unter 6.1.2 Virtual Private Network (VPN) auf Seite 73)

Die Verwendung eines VPN- Tunnels erlaubt einen sicheren Fernzugriff über das Internet.

Vorteile

- höhere Datenraten
- Kommunikationseinrichtungen auf beiden Seiten müssen nicht kompatibel sein
- Verbindungen über große Entfernungen
- kostengünstig, da nur Internet-Verbindungskosten anfallen

Liebe Leserin, lieber Leser,

damit wir unsere Formelsammlung ständig weiter verbessern können, freuen wir uns über kreative Rückmeldungen.

Auf http://www.facebook.com/FormelsammlungFachwirteBetriebswirte können Sie eventuelle Fehler, Anregungen oder Lob zum Buch loswerden.

Oder schreiben Sie uns einfach eine Email an: FormelsammlungFWBW@yahoo.de

Vielen Dank für Ihre Mithilfe!

Die Autoren Madlen Ventzislavova und Christian Hensel

STICHWORTVERZEICHNIS